我与大自然的奇妙相遇

寻觅兽类

宋大昭 黄巧雯 著

李亚亚 绘

人民文学出版社
天天出版社

图书在版编目（CIP）数据

我与大自然的奇妙相遇. 寻觅兽类 / 宋大昭, 黄巧雯著 ; 李亚亚绘.
-- 北京：天天出版社, 2018.12
ISBN 978-7-5016-1357-1

Ⅰ.①我… Ⅱ.①宋… ②黄… ③李… Ⅲ.①自然科学 – 普及读物
②哺乳动物纲 – 普及读物 Ⅳ.①N49②Q959.8-49

中国版本图书馆CIP数据核字(2018)第110455号

责任编辑：刘 馨　　　　　　　　　　　　**美术编辑：**王 悦
责任印制：康远超 张 璞

出版发行：天天出版社有限责任公司
地址：北京市东城区东中街42号　　　　　　**邮编：**100027
市场部：010-64169902　　　　　　**传真：**010-64169902
网址：http://www.tiantianpublishing.com
邮箱：tiantiancbs@163.com

印刷：北京利丰雅高长城印刷有限公司　　　　**经销：**全国新华书店等
开本：880×660　1/16　　　　　　　　　　　　**印张：**9
版次：2018 年 12 月北京第 1 版　　**印次：**2019 年 4 月第 3 次印刷
字数：91 千字

书号：978-7-5016-1357-1　　　　　　**定价：**38.00 元

目 录 | Contents

前　言

　　要说与动物在野外相遇的故事，其实是我们一群人的故事。

　　我们叫"猫盟"（全称"中国猫科动物保护联盟"），是由一群生态爱好者组成的专门与野生猫科动物打交道的团队，比如金钱豹、雪豹、豹猫等。我们的工作是找到它们，保护它们。我们在青藏高原爬至雪线之上；我们在云南边境的热带雨林里跋山涉水；我们在太行山的群峰间盘桓穿行；我们在内蒙古的沙地里夜行百里。我们寻觅着金钱豹、雪豹、云豹、金猫、猞猁、豹猫、云猫、兔狲等形态各异的猫科动物的踪迹。

　　在荒野寻猫的过程中，我们遇到了形形色色的野生动物。有时候我们在林间与它们不期而遇，双方都大吃一惊；有时候我们在夜巡的路上，它们出现在我们的手电筒的光柱里。最美妙的时刻往往是这样：我们安静地坐在树丛的阴影里，不远处一只动物悠闲地从另一处阴影里走出来，并不在乎我们的存在。

　　荒野是什么？是清凉的风？是夕阳下鸣叫着归巢的群鸟？是平静的水面上一条鱼尾卷起的涟漪？是远离空调、电脑、手机、地铁、商场？

　　也许都是，但其实不止。

小时候我生活在秦岭大山里，那时候的世界就是三点一面：家里、学校、山里。那时候没什么玩具更不能上网，整日里的娱乐就是在学校里弹玻璃球、玩官兵抓强盗和放学后上山摘果子、下河捞鱼。青山绿水总是能带给儿时的我们无限的快乐，无论是春天先开的黄色迎春花还是接踵而至的弥漫芬芳的丁香，抑或是夏季清浅溪水里翻开石头就能觅到的溪蟹和刺鳅，当然少不了秋季好吃的榛子和松子，以及冬季那漫天飞舞的乌鸦和坚硬得像石头一样可以整个下午都承载我们冰车的河冰。

上初中后搬到了江苏的一座城市里，不过那时候即便身处城市，荒野却依然就在身边。夏季的傍晚喜欢在阳台上点着蚊香看窗外无数的蝙蝠飞来飞去，窗户上也总会有两条壁虎趴在那里，随着月华升起，窗外逐渐蛙声一片。而暑假里则总是在水田里度过，那里有捉不尽的小龙虾、黄鳝，运气好的时候还能碰到一条赤链华游蛇。

当越来越多的作业和工作开始占据了大多数时间，也就慢慢没有了在郊野愉快而又无聊地打发时间的闲暇。荒野在远去。不知不觉间，身边的蝙蝠不见了，燕子也不来了，充满了生机和乐趣的水田被精致的楼盘所取代，小龙虾和蛙声自然也销声匿迹了……然而忙碌中的我却根本没有意识到这种消失，生活在推着人们茫然地朝着那个雷同的由物质构成的目标奔去。

但其实荒野并未远离。一个秋季的清晨，我坐在通勤的大巴车上，在途经一片荒地时忽然看到电线上站着几只漂亮的猛禽，这是踏上秋季迁徙远征之路的红脚隼（sǔn）。在心中已经潜伏多年的荒野之心忽然被唤醒，我开始上网查资料、买望远镜、买长焦镜头、买图鉴手册……就从这上班路上的小小荒地开始，我的自然观察之路被重启了。

虽然红脚隼很快就离开了，但每天早上我都习惯地在这里逗留一会儿，去看看那几只熟悉的红隼和普通鵟（kuáng）——它们是冬季的居民，在这里我可以尽情地观赏它们捕捉荒草里的老鼠。偶尔会有一只灰白色的白尾鹞（yào）擦着草尖飘忽地飞过来，正当你感慨于其逍遥自在时，它却在某个树丛后面消失不见了。

就在这羽翼间，我似乎慢慢找到了自己所真正在乎的那些事情：房子再大，也抵不过我在一片小树林里随便溜达一分钟走出的距离；坐在驾驶室里手握方向盘在高速公路上飞驰，又哪敌一只金雕乘风盘旋于众峰之上傲视群山的自由自在？

最终驱使我走上了和猛兽打交道之路的，应该就是这种荒野之心。从此以后，时间和季节不再被楼房的天花板所遮挡，春去秋来，只要心中仍有荒野，便总能发现，原来雕鸮（xiāo）夜间也会来到小区里伺机捕捉鸽子，春季楼下的树丛里偶尔也会有几只戴菊在蹦来跳去。从此以后，无论去到哪里，总要在谷歌地图上看看当地有没有什么郊野公园，翻翻手册看看这地方有什么鸟，路过一座山总要看看动物可能会藏身何处，沿着哪道山脊在逡巡游荡。

即便是爬过了很多座山、找到了很多种神秘的动物之后，我依然觉得其实最重要的还是保持对自然的好奇和探求之心。其实荒野并不在远方，羌塘的荒原、川西的雪山、版纳的雨林、东北的林海雪原……这些都很好很好，但是最真实的荒野其实就在我们身边，出门坐车不超过1小时的路程，必然能找到一片神奇的野性世界。

其实我也说不出去野外观察究竟能得到些什么，只是每当夏夜在山里听到红角鸮那单调而又悠远的"嘟嘟——嘟嘟——"声就会觉得心旷神怡，4月里一旦开始听到窗外屋檐下开始吵闹起来就很欣喜：北京雨燕又回来了。或许观察自然并不需要那么多解释，毕竟我们每个人都是从自然中来，而当你看到一个小男孩蹲在水坑边聚精会神地看着一群小蝌蚪游来游去时，便能理解为何自然总是吸引着我们了。

这本书的故事，是我和巧巧共同写的。在众多相遇的生灵中，我们挑了一些更寻常可见的动物，把它们的小故事一一说给你听，比如胡同里的黄鼠狼、小区里的刺猬、山中的豪猪。而诉说的本意便在于我们走进自然的初心。认识自然、亲近自然，并非是一个猎奇和寻求刺激的过程。大自然的复杂和精妙，只有当你用心体会时，才会向你展示一二。而一旦你全身心投入，每一种生灵都会成为惊喜，每一种相遇都会变成养分，滋养着从自然走出来的生命。

刺猬

院子里的小邻居：

某年10月的一天晚上，我照例下楼去喂小区里的流浪猫，通常它会在一堵围墙边的树丛旁等我，那里有我放的盛猫粮的小塑料盒子。然而，这天晚上等我的除了一只小黄猫，还有另一个小家伙：一只刺猬。

这真是个让人吃惊的发现。虽然我在距离小区不远的河边曾经看到过不少刺猬，但从没想过在小区这种人多车多的嘈杂环境里也会有刺猬生活。此时已是秋季，很显然它是奔着猫粮来的，想必也是为冬眠储存脂肪吧。

看到我过来，这刺猬有点紧张，但它并没有离开，只是蜷缩起来偷偷看我。我知道动物对于对视都会很紧张，就没注意它。把猫粮放进盒

草丛里露出刺猬的小眼睛

子里后，我走到稍远的地方，借助微弱的路灯，静静观察。小黄猫先过去吃猫粮，刺猬犹豫了一会儿，就展开那胖乎乎的身体，凑过去也开始吃。猫有点不知所措，不满但也无可奈何，便退到边上看着这个刺猬抢占它的晚餐。好在刺猬吃不了多少，不一会儿就心满意足地离开了猫食盆，步履缓慢地钻进了旁边的草丛。

自此，我晚上在小区里就经常注意，看看是否还能看到刺猬。事实证明，一直到10月底，刺猬都好好地在这里生活，有时在吃猫粮，有时夜深人静时会沿着小区里的道路溜溜达达一路小跑，汽车底还是它们喜爱的藏身之处。进入11月后，我就看不见刺猬了，想必它们都已经找了安静的地方冬眠，小区楼房都有取暖，在这里过冬不会是个很大的难题。

第二年春天惊蛰后,一场雨后,我再次看到了刺猬。此时的它显得干巴巴的,一个冬季的蛰伏耗光了它储存的脂肪,现在它需要找很多食物来恢复体重。与大多数人印象不同的是,刺猬属于食虫目,它很少会吃果实这些素食。它所钟爱的主要是蚯蚓、蜗牛,还有各种昆虫。

然而据我观察,小区里的绿地中虽然蚯蚓不少,也有蜗牛,但也许是打药的缘故,其他虫子的数量非常少。它们又不可能像流浪猫那样跳上垃圾箱找吃的,那还能在小区里找到足够的食物吗?但是后来我发现,这种担心是多余的,整个春夏,刺猬都对猫粮不屑一顾,可能它们只在冬季到来前找不到足够食物的时候才会钟情于猫粮吧。

小区里的刺猬不止一只。我一共发现了三只,似乎都有比较固定的活动场所。51号楼前那只颜色比较淡,53号楼前那只色彩比较深,而50号楼前面的刺猬个子比较小,它们之间的关系我也不大清楚。夜间它们会从一片绿地晃悠到另一片绿地。

我一直好奇这些刺猬从哪里来,是否会繁殖出下一代。十年前,小区附近都是荒地,附近的刺猬一定很多,可能是小区刚建好时就有刺猬在夜间混了进来并在此安家。然而现在小区周围的荒地已经被现代化的楼房、超市和公路所取代,只有好几千米外的郊野公园才能找到刺猬了。这对于小区里的刺猬来说也是个问题:外面也许不会再有刺猬来扩充它们的队伍,如果它们有繁殖,新生的小刺猬可能也无处可去。不过年复一年,我们小区里的刺猬一直存在,数量也没什么波动,或许它们对于

刺猬是我们周围最
常见的动物之一

城市生活也有着不为我们所知的应对法则。

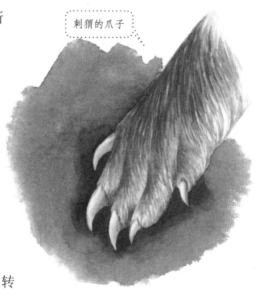

刺猬的爪子

不过，小区里的刺猬不会遇到太多麻烦。猫对刺猬不构成威胁，有些顽皮的小猫会好奇地追着刺猬拍拍打打，但刺猬并不害怕，甚至不稀罕蜷起来用满身的刺去对付猫，而猫也会很快玩腻，转身走开。但有一天夜里，我发现一只一路小跑的黄鼠狼，这对刺猬而言也许是个实在的威胁。不过黄鼠狼很快就消失了，各种灭鼠措施早已把小区里的老鼠都消灭干净了，黄鼠狼实在没什么生存空间。冬季，我也曾看到有猫头鹰落在窗外的大树上，它或许是奔着小区的鸽子来的，但在野外猫头鹰有时也会捕食刺猬。好在此时刺猬早已冬眠，而这个强大的猎手也只是偶尔光顾，并不会造成实际的威胁。

北京的刺猬学名叫东北刺猬，整个华北、东北地区的刺猬基本都是这种。有趣的是，在山里我从没看到过刺猬，我和刺猬的邂逅往往都在城市或者农田。这是一种以平原为主要居所的小动物，如今随着城市化

的进程，它们不得不开始选择城市楼房间的生活，这个过程中一定有大量同类因为适应不了而被淘汰，但剩余的这些，或许终将学会如何在人群中生活。小区的夜晚，并不平静。

胡同杀手：

黄鼠狼

黄鼠狼的名声一直都不大好，什么"黄鼠狼给鸡拜年——没安好心"之类的歇后语洗脑了一代又一代青少年。民间也常把它叫作黄大仙，坊间传闻"招惹黄大仙，会出不好的灵异事件"。但我从未遇到不友好的黄鼠狼，相反，它在我面前总是羞涩得如同小姑娘一般。

除了刺猬，黄鼠狼几乎是我在城市里见得最多的野生兽类。和步履蹒跚的刺猬不同，黄鼠狼行动敏捷，有几次我在天安门到景山间的街道上行车，就看到黄鼠狼轻盈地飞奔过马路，消失在夜间黑黑的胡同里。

黄鼠狼，学名黄鼬，在中国的几种鼬里算个子比较大的一种，身长通常在20—30厘米，体重1—2斤。它几乎是鼬科大家族里分布最广的一

员，近到你住的小区街巷，远到青藏高原海拔4500米以上的高山，都可以成为它的理想生境。

有时候我非常好奇，黄鼠狼究竟如何适应这么复杂多变的环境？对于绝大多数野生动物来说，最可怕的人类干扰对黄鼠狼而言根本不是问题。这或许和民间对黄鼠狼的迷信有关，无论如何，它成为了我们今天最常见到的猛兽。事实上黄鼠狼能够在人类聚集区生活下来的一个重要原因在于，它偏爱吃老鼠，那恰是人口密集处的副产品。鼬属的动物都是捕鼠能手，那细长柔软的身体能让它们钻进鼠洞把老鼠揪出来，这一点猫可做不到。我曾经在家门口的垃圾箱旁听到里面稀里哗啦的声音，

黄鼠狼喜欢
居住的胡同

掀盖一看，里面竟一下跳出两只黄鼠狼。它们或许是在翻垃圾找食物，也可能是在捉老鼠。

我曾经在海拔3500米左右的高原森林里遇见几只黄鼠狼。和城市里的同类不同，这些森林里的小家伙非常害羞。有一次，我在一片潮湿的原始森林里行走，忽然看到前面的倒木上露出一个小脑袋，圆溜溜的眼睛直瞪着我；我向前走近两步，它便立刻钻到倒木底下，几秒后却又从树下探出脑袋偷偷观察。我绕了个圈子，又从另一个方向接近倒木，发现它还躲在下面，似乎在跟我玩捉迷藏。我原地静静站着，不一会儿，它叼着一只老鼠钻了出来，一溜烟儿地消失在旁边的灌丛里。我这才恍然大悟：原来它刚捕猎成功，还担心我抢走它的大餐！

鼬属的动物，包括黄鼠狼在内，捕猎时都像个疯子。它们敢于进攻体形比它们大得多的动物，如天鹅、野兔等。黄鼠狼咬住兔子后就会死不松口，任其飞奔，直到兔子累得虚弱倒地。这或许也是人们认为黄鼠狼有法术的原因之一：那时候人们可能常会看到一只兔子身上挂了个黄鼠狼绝尘而去，看上去就像是黄鼠狼用法术驱赶着兔子。但这么做其实也有风险，曾经有摄影师拍到一只黄鼠狼死死抱住一只苍鹭的脖子，但苍鹭的个子实在太大，而且这是在苍鹭的主场——水塘里。于是苍鹭把脖子浸入水中，淹死了死不松口的黄鼠狼，并反过来把它吃掉了！

排水管道也可以成为黄鼠狼的家

　　我有一次奇特的和黄鼠狼共处的经历。一个村子边上，有个莲藕池，我经常在那流连观鸟。一天早上，一只黄鼠狼忽然出现在我背后的小路上，它看着我，转身向另一个方向跑去，几步一回头。我惦记着这

黄鼠狼是捕
鼠能手

个小家伙，下午再次来到池边，它不在，我便坐在一个土堆上看着不远
处捕鱼的池鹭。忽然，身边的草丛传来窸窸窣窣的声音，我心里暗喜，
一动不动，继续坐等。

天降奇兵一般，两只小黄鼠狼出现在我脚边！小家伙们完全无视我
的存在，旁若无人地在草丛里追逐打闹，距离近到有几次甚至从我的
鞋面上跑过去。它们不时爬到树上，沿着树干互相追打……我看着它们
嬉戏玩耍，心里乐开了花。大约五分钟后，旁边的草丛里传出吱吱的
叫声，两只小黄鼠狼听到后立刻老实下来，一前一后消失在声音传来

的地方。我猜是妈妈叫它们回家吃饭了。我也终于放松了僵硬半天的身体，起身拍拍身上的土离开。此后不久，莲藕池被改造，一个工厂厂房在这里拔地而起，我再也无法在这里观鸟，也再没有在这里见过黄鼠狼了。

狍子

我第一次在山里看到这种动物是在冬季。当时我和我们另外一个队员老蒋一起在北京郊区的白草畔山上徒步，海拔2000米以上的山坡覆盖着厚厚的白雪，这为我们观察动物留下的踪迹提供了便利。

在雪地上我们看到了不少松鼠和豹猫留下的足迹。豹猫和我们一样沿着山脊的小路前行，但松鼠却总是横穿小路，消失在路边的灌丛里。山上风很大，也很冷，我们穿着厚厚的羽绒服依然感觉寒风刺骨，尤其是走在山脊的背阴面时，感觉眼珠子都要冻住了一般。

然而太阳就在头顶，我们知道在太阳照耀下的阳坡会很温暖。正在此时，我上方不远处的岩石后面忽然跳出一个黑影，如闪电般从我眼前

掠过，飞一般地消失在左侧山坡上的灌丛里。我被吓了一跳，随即反应过来：这是一只狍子！

我从没想过自己会在北京的山里见到狍子。由于常年遭到猎杀，这种体形中等的鹿如今在北京并不常见。但狍子其实是一种对山林适应得很好的动物，它的正式名称应该叫西伯利亚狍，体重在50—60斤，比一般的山羊略高大一些。狍子广泛分布于中国华北、东北的森林里，甚至在内蒙古的一些草原上也能找到它们。狍子和其他常见的鹿，比如梅花鹿、马鹿一样，每年都会换角。但狍子的角并不大，即使是完全成年的公狍子也只会长出不太长的三叉角，这比起梅花鹿、白唇鹿等大型鹿那像大树枝一般的大角实在是小巫见大巫了。我曾经在森林里捡到过脱落的狍子角，但这东西和落叶、泥土的颜色几乎一样，虽然森林里一定有很多狍子角，但我很少能看到。

我们继续前行，一小时后我们在一处平坦的山脊杨树林里发现了另一只狍子。"嘘——别出声，我们就在这里看。"我小声对老蒋说，招呼他过来。我发现这只大

狍子的角

19

林间的美丽精灵——狍子

公狍子的时候它正低头吃草，距离我们大约50米。它自己在落叶上走动的声音掩盖了我们接近的脚步声，估计它也没想到这么冷的冬季会有人前来这里。我们悄悄坐下，安静地看着它。此时狍子身上呈灰褐色，与周边枯草、树干的颜色融为一体，若不仔细看也不容易发现它，但到了夏季，它们就会换上火红的夏毛，看上去非常美丽。

最后这只狍子在距离我们只有30米的地方，抬头发现了我们，它吃惊地看了我们几秒，然后忽然醒悟过来一般，只听它嗷地叫了一声，扭头飞一般地跑走了。我们站起来，活动了一下已经冻得麻木的双腿，走过去查看它吃草的地方。它吃的是一种已经枯黄但依然一丛丛从雪地里冒出来的草，旁边还留下了很多粪蛋。狍子的粪蛋和羊粪蛋样子很像，都是黑色椭圆的小圆球，但狍子的粪便要小很多，长度大约只有1厘米。

我们心满意足地继续前行，感到这次上山没有白来。

后来我又在山西太行山、吕梁山和内蒙古的浑善达克沙地见过狍子。有一次我在夏天看到了一只母狍子带着一只小狍子在林间的草地上活动，小狍子比野兔大不了多少，但它跑起来一点也不含糊。一只母狍子一次可能会生两只小狍子，而这两只小狍子可能会在一起生活很久，随后才慢慢分开。一次雨后，我们在山边休息，忽然山坡上出现了两只年轻的狍子，它们一边吃草一边溜达，并没有太把我们当回事。当地很少有人打猎，唯一能威胁到狍子的就是金钱豹，而我们看上去并没有什么恶意，所以它们并不害怕。

狍子警戒时的白屁股

还有几次是在夜间看到了狍子。在手电筒的照射下，它们的眼睛会反射出明亮的亮点，这是我们找到它们的好办法。狍子白天晚上都会活动，但一般来说清晨和刚入夜的时候找到它们的机会比较多，因为这时候它们活动得很频繁。

狍子是森林生态系统里面很重要的一个角色，一方面它本身代表着一片生物多样性相对较完整的森林，同时狍子也是一些珍稀的食肉动物的重要食物来源。比如在东北，老虎找不到梅花鹿的时候，也会捕捉狍子果腹，而金钱豹就更不用说了，狍子是它

们特别重要的一种猎物。我希望我以后在山里能够见到更多的狍子，每次发现当地狍子很多的时候我心中都会窃喜：看来我们离金钱豹已经不远了。

豪猪

眼神不好、浑身带刺：

我开着老河沟保护区的小庚借给我的皮卡，从四川省平武县老河沟管理站出发，沿着河边的公路开始今晚的第三次巡回。我就不信这个邪，为什么今晚什么动物都没有看到？就在几天前，晚上还看到了豹猫、果子狸、毛冠鹿等动物，而且不止一次！我觉得今晚一定是出了什么问题。小庚丧失了继续陪我转悠的兴趣，第二圈时就下车睡觉去了，而我决定继续。

我一边缓慢地驾车前行，一边用手电筒扫射路边的河滩和灌丛，试图发现草丛里那闪动的眼睛，但依然一无所获。已经将近午夜12点，我心灰意冷，打算放弃，回管理站睡觉。然而就在距离管理站仅100多米

的地方，我忽然看到路上一只动物正沿着路基边的水槽小步往前跑——它步履蹒跚、浑身带刺，我一眼就认出来这是一只豪猪！

我立刻停车，抓起相机和手电筒就朝它追过去。我知道，这是少有的几种我能追上的野生兽类之一！果然，我超越了它。这只浑身带刺的大老鼠站在水泥砌成的路基上，两只小眼睛瞪着我，显然不知道该怎么办才好。我不管三七二十一，先举起相机咔咔拍了几张。这举动似乎有点激怒了这家伙，它发出低沉的咚咚声，浑身的尖刺也抖动起来。

忽然间我想起一些关于豪猪的传闻，据说它会把身上的刺射出来，扎进敌人的身体！我心虚地往后退了一步，静静地观察着它。这似乎提示了它，豪猪转身跳下路基，开始沿着山坡往上爬，我向前追了两步，它迅速地扭摆着身体钻进了灌丛。开始时我还能听到草丛里沙沙的声音，很快，一切都恢复了平静，夜色依旧，似乎什么都没有发生。我心满意足地回到车旁，今天晚上总算看到了一只动物，而且这是我第一次看到豪猪。

我在四川看到的豪猪隶属于啮齿目、豪猪科、豪猪属。虽然名字里有个"猪"字，但这家伙其实就是一只大型老鼠。中国的豪猪主要分布于黄河以南诸省，在云南、西藏等地还分布有另一种帚尾豪猪。豪猪体形较大，体重可达到10—18千克，看上去真不像是老鼠、田鼠、松鼠等啮齿目的那些小亲戚，这也是它们得名"豪猪"的重要原因。豪猪主要在夜间活动，以植物性食物为主食。最有趣的当数豪猪身上黑白相间的

浑身带刺的豪猪

尖刺，这其实是一种防御武器，是从毛发进化而来的，与刺猬有异曲同工之妙。遇到敌人时，豪猪就会竖起浑身的尖刺，让敌人无从下口。不过值得一提的是，豪猪并不会"发射"尖刺，但它们会猛冲向敌人，并用刺扎伤敌人。

自打在老河沟保护地与豪猪打了个照面后，我看到这家伙的次数逐渐多了起来。2014年，我们在江西桃红岭保护区做野外调查时我再次与豪猪相遇。白天，我们把一些吃剩的栗子扔在一堆竹林边上，夜间我们沿着小路行走，看看外面都有什么动物在活动。当走到竹林边的时候，忽然听到竹林里传来一阵嘈杂的追逐打闹声。这里的竹林非常密集，我想这不大可能是什么大型动物，

豪猪的刺

但究竟是什么呢？捕猎的豹猫，还是顽皮的鼬獾？正当我们驻足猜测时，两只豪猪忽然一前一后从竹林里蹿了出来。其中一只愣头青直挺挺地冲到了我跟前，距离我连两米都不到。我猜测豪猪的眼神一定不大好，我这么个大活人站在这里它居然都没看见！

豪猪站在我面前，似乎忽然意识到了什么。它开始剧烈地抖动身体和尾巴，身上的尖刺互相碰撞摩擦，发出噼里啪啦的声音。不过这次我知道它只是虚张声势而已，于是坚定地站在那里看它打算怎么办。果然，

发现威胁不奏效之后，这只豪猪就尿了。它扭头钻进了竹林，几分钟后我们再次听到里面传来追打声——看来这俩又干上了。我们扔在这里的栗子导致了这两只豪猪的战争，很显然那点栗子不够它们吃的。

我们装在很多地方的红外相机都拍摄到过豪猪。从红外影像里我们得知，豪猪通常会2—3只结成小群，排成一溜在夜间走来走去寻找食物。得益于一身尖刺，我在野外并未见过有什么动物能对豪猪形成明显的威胁，但根据一些粪便研究得到的结论是：豹、狼等食肉动物有时会杀死豪猪并将其吃掉。

在四川甘孜州的横断山脉中，我惊讶地发现豪猪居然能到达海拔4000米甚至更高的地方，这种在传统印象中主要生活于温暖森林里的动物也适应了高海拔寒冷的气候。在这里，成群的豪猪经常在夜间跑进田

豪猪的头部

29

里吃农民们种植的土豆或青稞，给当地农户造成了不小的损失。在甘孜地区做野外调查的日子里，无论是在高大的云杉林中还是在低矮的灌丛中，我都能捡到豪猪散落在地面的棘刺。有些很短，只有10厘米左右，但偶尔也能捡到长度达到30厘米的很长的豪猪刺。我将其视为大自然馈赠的礼品，并把这些刺带回来收集在瓶子里，以此纪念那些在林间行走的日子。

豹猫

　　我和外号"黑鹳"的老万已经在小五台山的山谷里连续行走了3个小时，冬季的山里非常宁静，不再有风吹树林的唰唰声，潺潺的泉水也早已凝固成厚厚的冰层。沿途的足迹并不多，除了一只狐狸的足迹链伴随我们走了很久之外，就只有零星出现的豹猫脚印和更加少见的狍子足迹。赤狐和豹猫的足迹大小相仿，但豹猫的足迹不会有前端的爪痕，相比赤狐的足迹要更圆一点，颇为小巧可爱。

　　穿过一片茂密的草丛后，这些足迹都消失得无影无踪，这里的雪很厚，几乎没过我们的膝盖，想必体形较小的动物并不喜欢在这里活动。零下15摄氏度在雪地里行走并不是一件很快乐的事情，进入一片稀疏的树林后，我们决定休息一下。此时已接近上午11点，阳光终于温暖起来，一些林鸟开始活跃，成群结队，叽叽喳喳，在向阳的坡面沿着灌丛带穿行，这些灌木的枝杈上或许还残留着一些种子果实，在寒冷的冬季为它们提供食物。

　　我在地面检视着，这里有不少硕大的鸡脚印，一定是褐马鸡群留下的。忽然，老万拉了我一下，小声急促地说："山坡上有东西！"我顺着他的目光看去，距离我们几十米处山坡上的岩石上方，一只灰褐色的小动物敏捷地在岩石上奔跑着，如同岩松鼠一般牢牢依附在岩石表面。"狐狸！狐狸？"老万有点疑惑。然而那不是狐狸的技能体现，我看着它那柔软而顺畅的动作，以及左右挥舞的尾巴，终于确定了它的身份。"豹猫！"我说。

　　是的，这样的身手只能是猫科动物。这是我们第一次在大白天清楚地看到豹猫，而且很显然，它正在捕猎，目标就是那些叽叽喳喳的小鸟。这只豹猫用嶙峋的岩石隐蔽自己，紧盯上方灌丛里的鸟群，熟练地在岩石的阴影里穿行，我从来不知道豹猫原来是这样捕鸟的。这

有着酷似金钱
豹斑点的豹猫

只豹猫径直向我们跑来，一直到距离30米左右的地方，忽然发现了我们。于是它轻盈地一跳，消失在一块大岩石后面。我们又等了许久，但它依然没有再次出现。

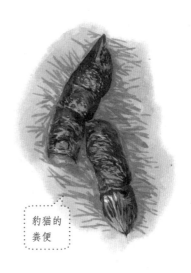

豹猫的粪便

我对豹猫有特殊的情感。最早认识野生的猫科动物就始于小时候家里藏着的一张豹猫皮——我无数次想象野外一只活生生的豹猫会是什么样子。后来我逐渐了解到豹猫其实是中国分布最广的一种猫科动物，除了新疆以外，中国几乎所有的省、市、自治区都有豹猫。它广泛生活于森林地带，即使是破坏较严重的次生林里，豹猫也能适应。它食性广泛，鸟类、老鼠、松鼠、野兔甚至蜥蜴、青蛙等都是可口的食物，这也使得它能够适应各种环境。在青藏高原，甚至在海拔4000米以上的地方都能发现豹猫的踪影。

豹猫体形与家猫相仿，那一身酷似金钱豹的斑点毛皮又使得它经常被误认为小豹子、小云豹。尤其是中国南方的豹猫，色彩艳丽、斑点清晰，非常好看；北方的豹猫毛色则要暗淡得多，总体上呈现为淡灰褐色，身上的斑点也不是很清晰。

豹猫有时会非常接近人类，山区的村庄里经常会发生一夜之间数十只鸡被咬死的惨剧，作案的凶手往往就是豹猫——它特别钟爱捕食鸡鸭大小的家禽，在野外也经常捉野鸡、野鸭等作为大餐。这使得豹猫背上了"偷鸡猫""鸡豹子"等不好的外号，也常为此被打死。

接近人类这个特性让我多次在野外与豹猫相遇。无论是在华北、四川，还是在青藏高原，只要在林区，我们总会期待与豹猫在山路上邂逅。夜间，我们常常开着车沿着偏僻的公路或山路行进，并用手电筒四处扫射以期看到动物眼睛的反光，我们称之为"夜巡"。夜巡时，较常见的有狗獾、野兔和赤狐，在高原地带，水鹿、斑羚、鼯鼠等是夜巡的常客。偶尔地，我们会在草丛中发现一双明亮的黄绿色眼睛，亮一会儿就会熄灭，再也不会闪起，这多半就是豹猫。豹猫与狐狸的习惯不同，它通常会目不转睛地看我们一会儿，然后转身离开；而狐狸则是看几秒，转身跑几步，再回头看几秒。

豹猫有着一双明亮的黄绿色眼睛

我和豹猫还有过几次近距离的亲密接触。最难忘的一次是在卧龙自然保护区，我们的汽车刚开出一个村子不远，我忽然发现离路很近的草丛

35

里有对亮闪闪的眼睛——一只豹猫。我们停车观察，这只年幼的小豹猫距离我们只有几米，有点不知所措，假装什么都没发生地趴着。后来，可能是我们说话的声音让它有点不安，便起身轻快地跳进旁边的菜地。让我们吃惊的是，车子还没前进几米，我们就发现原来边上还有另一只豹猫，但它显然比较成熟，匆匆看了我们一眼后就消失在草丛里。我想这也许是一个母亲正带着孩子熟悉村子边上的环境，我们的到来恰巧打断了它的培训课。

豹猫是一片森林的生态底线，如果这片森林里连豹猫都已经消失，那么它就会变成一个死气沉沉、毫无灵气的空林。我相信在我今后的丛林漫步生涯中，还会继续与这种美丽的小野猫在山路上不期而遇。

赤狐

　　赤狐，也就是我们通常说的狐狸。这几乎是我在野外打交道最多的野兽。说来奇怪，按说这种中型猛兽在野外遇到的机会并不会很多，至少不会像兔子、松鼠那么常见，但是我确实总能在不同的地方遇到狐狸。

　　第一次遇到狐狸是在四川西北部的若尔盖，当时盍哥正带我们一起夜巡。黑夜里我们看到了一对亮眼睛，激动得还以为看到了梦寐以求的荒漠猫。但盍哥很有经验，他看了一会儿说，估计是狐狸，因为猫不会走走停停地看我们，猫一般看一会儿就直接走掉了。借助望远镜和强光手电筒，我们终于看清那确实是一只拖着大粗尾巴的狐狸。

几天后我们在当地又看到了另一只狐狸。仍然是夜间，我们当时并没有用手电筒往外照，只听到旁边山坡上传来几声粗哑的"啊——啊——"的叫声，有点像狗叫，但又不尽相似，手电筒一照，我们就看到了站在

赤狐的眼睛

山坡上盯着我们的狐狸。这是我第一次在野外看清一只狐狸，这时它的毛皮并不是我们熟悉的火红色，而是灰褐色，但是那毛茸茸的蓬松的大尾巴及明显的白尾巴尖，即便在夜色里也很清楚。

此后我们去了很多地方，狐狸总在不经意间出现在我们面前。就拿我们最熟悉的山西太行山金钱豹保护基地来说，这两年我们基本每次去都能看到狐狸。似乎是从2013年开始，当地的狐狸一下子就愿意接受我们了，好运气是从明子身上开始的。

那天明子一个人坐在山沟里晒太阳。因为是冬季，树叶子都掉光了，沟底铺着白色的冰。忽然，明子眼睛余光看到了一只动物，他扭头一看，一只个子不大的狐狸正颠颠地小跑过来，一直到距离他很近的地方，才忽然发现有个人坐在那里。

当时他俩都大吃一惊，互相对视了几秒后，明子打算拿起相机把狐

狸拍下来，而狐狸则转身就跑。自那以后，看到狐狸对我们来说就是家常便饭了，傍晚回驻地的路上就能经常看到狐狸在路边的草地上玩耍嬉戏或觅食。

一年春季，明子、黑鹳晚上陪着前来参加巡山活动的志愿者Wats一起去夜巡，回来后他们特别兴奋地告诉我：一只小狐狸在车前面和他们玩了半天也没有离开。那只小狐狸似乎对人很友好，他们停车在路边，小狐狸就在车两侧跳来跳去，不时躲进旁边的玉米地里，然后又钻出来。直到他们离开，那只小狐狸仍然在那里玩耍。那两年，有时我们晚上会特意去那个地方看看，好几次我们都看到了一只不大怕人的狐狸，但那已经是一只成年狐狸，我们猜测一定是那只友好的小狐狸长大了。

在民间传说中，狐狸和黄鼠狼一样都属于有法力的"大仙"。在吕梁山的一个保护区，我们发现当地的狐狸很是胆大，大白天就敢在农田里到处溜达，而我们做调查时在山坡上也是天天遇到狐狸。打听之下才知道，当地人对狐狸保持着某种原始的尊敬，从不会去伤害狐狸，因此当地的狐狸不怎么怕人。有一天晚上我们夜巡时在一个村子边上看到一只狐狸正在吃一只病死的羊。我们距离它很近，一开始这只狐狸有点紧张，舍弃了食物跑到一边的草丛里躲了起来，但几分钟后它就抵御不了羊肉的诱惑，再次跑出来。也可能觉得我们的存在有碍它安心吃晚餐，后来竟然对我们大喊大叫起来……见此状况，我们识趣地赶紧离开了。

除了迷信的因素，我认为当地的狐狸能与人和平相处也说明一个问题：狐狸的智商很高。虽然狐狸有时候被冠以"狡猾"的名号，但这确实是它具备良好适应能力的一种体现；这种动物广泛分布于亚洲、欧洲、北美洲，是在分布和进化上都很成功的代表。在人类不那么敌视的情况下，狐狸能居住在离人类很近的地方，比如在英国或日本，狐狸是街道和花园里常见的动物，遗憾的是在中国这种过去常见的景象如今却很难看到。

好在狐狸在一些荒郊野外还生活得很好。我们在山里做调查时经常与狐狸打交道，尤其是冬季。狐狸的脚印是我们路上忠诚的陪伴——它们往往会沿着小路行进两三千米，别的动物很少有这个耐心，因此我们总会跟着狐狸的足迹一路行走，并不寂寞。在红外相机里，狐狸也是常客，从西南到东北，到处都能拍到狐狸的身影，它甚至会出现在海拔5000米左右的高山上，与雪豹共享同一片家园。

在河北小五台山的某个山沟里，我们的红外相机拍到了一窝狐狸。从初夏开始，每天我们都看到一公一母两只狐狸不分昼夜地叼着猎物回家，猎物往往是各种老鼠。我们知道这附近一定有几只毛茸茸的小狐

美丽的赤狐

狸，果然，夏季的某天夜里，三只小狐狸蹦蹦跳跳地跟着妈妈经过相机前，从此以后我们再也没见过狐狸父母叼着食物回来过。希望它们一家子能一直自由快乐地生活下去，而我们冬季进山时，雪地上也永远都有那条长长的足迹链一路相伴。

赤狐留在
雪地上的
脚印

藏狐

在表情包的世界里，动物圈有两大网红，一是兔狲，二是藏狐。

之前看到藏狐的照片，我总觉得是被强行PS了大头效果。正面相遇，才发现大自然就是那么任性。

从德格去往石渠，我们以不到20千米的时速穿行在羊肠一般的县道上，土坑无数，颠得生无可恋的时候，车辆的左边——稀树草原一般的开阔地上，一只狐狸站在中间望向我们，然后转身离去。

明子认出了遥远的它："藏狐！"

那张写满嫌弃的大方脸十步三回头地下了草甸，进了灌丛，直到再也看不见了，我们才重新启动。

藏狐有着一张写
满嫌弃的大脸

藏狐的洞穴

没多久，一只藏狐出现在车辆前方，正对着我们一路小跑。发现车辆后，迅速跃过了道边的土坎。大猫说，它肯定还在路边。鹳总放慢速度，一踩刹车，车旁边的排水道里，正蹲着伏低身子隐藏自己的它。当意识到自己暴露后，它立马弹起，撒腿就往沟里跑，白色的尾巴尖画出的弧线灵气极了。

大猫和明子没有任何停顿，当即背上相机，前后包抄，四方搜寻。

下到沟坎处，它竟闪电般地从明子脚下蹿出，杀了明子一个措手不及。原来，它又故技重演地"诈尸"在沟里。它飞奔几步，又回回头，看看扛着大炮追得上气不接下气的人类，如此几次后，它就不慌不忙悠悠地走掉了。

"它真是毫无高反的智慧生物啊！"端着望远镜的鹳总发着感慨。

在离藏狐远去的山坡直线距离不到200米的地方，一丛五色的经幡旁，几个藏民正在搭建新的营帐，小河边溜达着喝水的牦牛，不知道谁会成为这片土地上更长久的主人。

这是我与藏狐的第一次相遇，说实话，它打动我的不是那张动物圈的网红脸，而是它整体的美。藏狐的头与背是干净的红色，尾、腹是和谐的灰色，粗厚的尾巴尖白花花的，干净极了，当它在水绿的草甸上奔跑起来时，一种流动的诗意把我感动了。

藏狐如其名，生活的区域与藏区广泛重合，它们分布在甘肃、青海、四川、云南西北部、新疆及西藏各省、自治区，并一路延伸到尼泊尔。它们喜欢并且只适应于海拔2000—5200米的高山草甸、高山草原、荒漠草原和山地的半干旱到干旱地区。从它们的便便分析中可以得知，它们的主要食物（95%）来自于高原鼠兔和小型啮齿类，如松田鼠、仓鼠等，其他塞牙缝的还有昆虫和浆果。走运的时候，喜马拉雅旱獭、麝（shè）、岩羊和家畜也会成为藏狐的盘中餐。

从食谱上看，藏狐还是挺厉害的样子。但是在现实生活中，如果遇到同属的赤狐，估计它却只有挨打的份儿。虽说它凭借一张大方脸在表情界混得风生水起，但是它在体形上比赤狐整个小了一圈，打起架、抢起食来，大头并没有什么优势。我一度怀疑，既然如此，藏狐为什么会进化出那么大的头？后来，高原上的长风刮得多了，我想到了一个也许并不太客观的理由：在开阔的高海拔地区，面对明着来的大型兽类，一张大脸会让自己的战斗力和威慑力显得更强吧。

藏狐的食物——鼠兔

对于藏狐，它并不在乎自己的脸能让多少人类发笑，这样一张"写满嫌弃的大脸"只要能在面对天敌时为自己增加一点点逃生的胜算，就是物竞天择的最佳理由。

此后在川西的30天里，我没有再见过藏狐，广阔的高山草甸上却多了无数牦牛和山羊。我担心，增多的人类会不会垂涎它美丽的皮毛，而在猎杀之时，它的那张写满嫌弃却无辜的大脸能否唤醒人类的一丝善意，放它远行，但愿会吧。

最
后
的
丛
林
王
：

金钱豹

我这辈子都会记得那一天。

2016年11月15日，我一个人，走进山西和顺县的某条山沟调整红外相机。刚进沟，就在湿漉漉的地上看见了熟悉的豹子足迹，大大的足垫，四个圆乎乎的脚趾，新鲜深刻，一直往沟里延伸。

我心头大动，提了一口气，循着足迹链，放轻脚步一路前追。几条小河，一路缓坡，大概走了2000米，印在湿泥里的足迹也越发新鲜，山路一拐，便进了布满落叶的山沟。深秋的华北森林，大片的栎树叶、小巧的杨树叶，以及沙棘小如指甲盖的圆叶子和松针层层叠叠，颜色焦黄，每迈一步声音都脆得像是踩碎了一千克的薯片。我尽量轻手轻脚，减少衣服布料之间的摩擦，一边行走，一边竖起耳朵、睁大双眼，四处扫视。

金钱豹的爪印

突然，山坡上传来几声低吼，其中的威慑与警告，让我全身的汗毛都兴奋了起来——是豹，它就在离我不远的地方。我加快了速度，走到山沟的拐弯处，就在我右前方的斜坡上方，离我50米远，一个矫健的身影正灵巧但毫不慌张地爬上山坡，逆光的林子里，它的皮肤和斑纹似乎都变成了明暗不同的黑，但是，它就是豹！

它站在那里看着我，那一刻空气似乎凝固了，似乎具有特别的能量场，像是一个旋涡，席卷了我所有的感官，判断力被遗忘了，烂熟于心的豹的特征也被丢弃了，所有的血都往头上冲，手指头也兴奋得按不下相机的快门。与它对视的三四秒里，我忘了去在意它大不大，尾巴长不长，是公还是母，只知道，自己的脑子一直在循环一句话："太美了。"

追豹八年，我对金钱豹并不陌生。走到山里，我本能地就会知道它爱走哪条路，爱在哪个山坡晒太阳。而我们安装的红外相机，也记录过它们的各种姿态——威武雄壮、天真好奇。我脑补过很多次与它相遇的画面，每次上山、夜巡，都会为它留一个心底的期待。但是，当它真的

丛林之王——
金钱豹

出现在我眼前，那种震撼依然超乎想象。

调整好相机之后，我慢慢走出山沟，在夕阳下，农民的工棚前，等待我的同伴。脑子的"飓风"过去后，心里的感觉开始慢慢沉淀、激荡。

我想起了我的童年。秦岭，松风动听，林相优美。老猎人告诉我，金钱豹会找石头缝睡觉。林子里它们金黄的皮肤、黑色的斑纹简直美得让人无法移目。那时候，我吃着老猎人打来的山鸡，听得眼里种满了星星。

我想起了我的师傅王卜平。他曾是一位"箭无虚发"的猎人，因为一头死在眼前的狍子，开始投身野生动物的保护。为了与豹的相遇，他曾经在山上住了180天，每天就在山上转悠，一条条兽道地钻。直到后来，豹也认识了他，在两米之内叼着兔子懒懒地跑开，对他的相机镜头视而不见。没有他，我不会来到这里，不会从一个喜欢"大猫"的键盘党，变成山林中保护大猫的人。

更多的时候，我想到的还是豹。

大约在50万年前，还是剑齿虎统治陆地的时代，豹这种体形中等、矫健的猫科猛兽就开始出现在非洲大陆。在漫长的进化岁月里，它们伴随着古人类的脚步走出非洲，到达亚洲，它们开始适应各种不同的环境，从刚果幽暗的雨林到中东干旱的荒漠，从海岛直到海拔高达5000米的高原山地，它们出现在所有能捕到猎物的环境里。而它的食谱，从小型的

野兔可以一直列举到重达数百斤的非洲大羚羊。

它们是现存猫科动物中分布最广的物种。然而即便它们的进化如此成功，不断减少的栖息地和非法盗猎却使得全球豹的数量在过去30年间几乎减少了90%。在中国，豹已极其罕见，整个华南、华东的豹已经多年未现踪迹；即便如云南、四川这些野生动物资源丰富的地区，豹也只是在某些地区还能找到其影踪。而对于华北豹而言，太行山、秦岭等山脉几乎已变成它们最后的诺亚方舟。

而从另一个角度看，豹也是山河修复的最后希望。因为豹，我上过许多山，有豹的和没豹的，前者，生机灵动；后者，空荡寂寞，天壤之别。它就像是老虎之后最后的丛林王，守护着亿万年来的自然法则。只要它在，食物链便井井有条，山必有水，水必清澈。而它的消失也会慢慢地带走干净的水和空气。

我喜欢有豹的山河。

因为以上这些，我的生命已经与豹紧密地联系在了一起。而这八年乃至未来的时间，我的梦想都会是，与豹长久地同行，陪伴、守卫着它们的美丽和自由。

金钱豹的斑纹

55

每一次走在山里，我的感官便不由自主地敏锐起来。我四处张望，对一切活动之物敏感万分；我倾听，探查着林间每一丝不易察觉的动静。在那些蜿蜒曲折的兽道上，有时候能看到豹留下的足迹，而我总在幻想：或许下一个转弯路口便会看到这只大猫。

这是我与它的第一次相遇，恰似八年寻豹最圆满的句号。而对未来而言，无所谓相遇与否，豹一直在，才是最好的结局。

雪山之王：

雪豹

对于雪山之王，我一直心向往之，但是苦于没有机会一睹芳容。几年前，我去新疆旅游，特意挑选了最西部的阿拉套山地区，抽了一天独自在山里行走，因为我知道这里就是雪豹的家园。

虽然那时候我对雪豹几乎一无所知，但走在山里却情不自禁地脑补雪豹就在头顶的山脊漫步甚至窥视着我的场景。此后几年，雪豹在中国逐渐热了起来，越来越多的雪豹影像出现在我们面前，雪山之王依然神秘，但似乎已经不那么遥不可及。

直到2015年，我才有机会真正进入雪豹的王国。在川西进行动物调查的路上，我们的越野车路过康定县翻越折多山，过了海拔4300米左右的垭口，眼前便是一片高原风光。望着远方连绵不断的山脉和山脊上那些反射着阳光的巨大岩石，我知道，雪豹就在那里。

新龙县，一个人口不算多的县城，坐落在甘孜州最中心的位置。格萨尔王的传说源自此地，满街的康巴汉子和身披红袍的僧侣让人觉得进入了另一个世界。然而吸引我们的却是那雪山和森林。虽然我们此行的目的主要是森林里的金钱豹，但是身处此地怎能错过林线以上的风景？

2016年1月的一天，我们在拍摄一个纪录片时来到一处海拔4800米

雪豹是真正的雪山之王

的垭口。距离不远的山脊上，上百只岩羊正在草地上休息、吃草。巨大的山脊绵延好几千米，灰色的岩石矗立在上方，岩石下则是成片的草场——这是一个理想的雪豹栖息地，数量众多的岩羊为其食物，岩石地带又是它最好的藏身地和捕猎场。我们当机立断，在山脊的一处流石堆上安装了一台红外相机。虽然我们还没看到任何雪豹留下的痕迹，但这几乎是一种直觉——雪豹就在不远的地方。

三个月后，我们接到了新龙县环林局的朋友兴奋的电话："拍到雪豹了！"当红外相机拍摄的视频传过来后，我惊讶地发现，三只雪豹经过了相机。很显然，这是一只雌雪豹带着两只小雪豹，我们居然发现了一个雪豹家庭！

2016年秋季，我们再次来到四川甘孜州。这一次，我们将在石渠县和新龙县两个地方寻找大猫的踪迹，当地的林业工作人员是我们强有力的支援。我们给高海拔地带留出了充足的时间，主要目的就在于寻找雪豹。

甘孜州的雪豹都生活在高山上。与喜马拉雅山的雪豹类似，甘孜州的横断山陡峭而高耸入云，植被呈现出明显的分层现象，雪豹主要活动在海拔4000米以上的高山裸岩和草甸地带。与雪豹处于同一高度的还有狼、棕熊、猞猁等大中型猛兽，但在这些动物里，雪豹无疑是对高海拔山地环境适应得最好的。

为了找到这些神秘的大猫，就必须先爬到它们所处的高度。每天，我们先把车沿着山路开到尽可能高的地方，然后从这里开始向上攀

雪豹生活的雪山

登——有时候骑马，更多的时候依靠步行，这在缺氧的环境里是一件非常疲劳的事。我们气喘如牛，行进很慢，完全不能像在低海拔森林里那样轻松自如。然而在高原山地爬山却又充满了惊喜：由于视野开阔，我们得以与许多野生动物不期而遇。数量最多的是岩羊，其次是白唇鹿。这些大型有蹄类动物经常在看到我们后便拔腿飞奔，但跑不多远又停下驻足观望。岩石缝隙里，鼠兔忙忙碌碌，这些小家伙虽然长得像老鼠，却是兔子的亲戚。而它们的天敌——香鼬，也不时出现在我们跟前，这些体形只有黄鼠狼一半大的小家伙非常好奇，总是躲在石头后面仔细打

量我们。

当第一个雪豹的足迹清晰地出现在我面前时，过去关于这种动物所有的知识此刻都变得鲜活起来。事实上我发现雪豹某种程度上和我所熟悉的金钱豹非常相似，它们都喜欢沿着一些明显的小路行进，在山坡或山谷的拐角处停留并留下痕迹。但是雪豹又和金钱豹不大一样，金钱豹很少光顾那些过于陡峭的崖壁或山脊，雪豹却钟爱这些地方，它们隐蔽在陡峭的地形里，对岩羊或北山羊伺机发动突然袭击。

在甘孜州，岩羊无疑是雪豹最主要的猎物。雪豹痕迹最多的地方往往是岩羊大量集群出没的区域，我们也发现了一些被猎杀的岩羊尸体残骸，猎手多半就是雪豹。这些痕迹为我们安装红外触发相机提供了依据，为了可靠地拍到雪豹，数十台相机被安装在那些雪豹的必经之地，接下来就是漫长的等待。

好在等待的时间并不算很久。两个月后，各地的红外相机数据开始回收，在所有预期拍到雪豹的区域中，雪豹都如期出现在红外相机的镜头里。同金钱豹一样，清晨是雪豹最活跃的时间，有时雪豹也会在深夜经过我们的相机前。但拍摄到雪豹仅仅是个

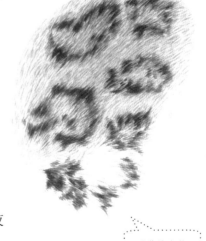

雪豹的斑纹

开始，横断山的雪豹分布密度如何？它们夏季和冬季是否都在同一片地区生活？大量放牧的牦牛是否会对它们造成影响？它们的未来是否充满了不确定性？更多的答案还需要更加耐心和长期的等待方能揭晓。

虽然看到了雪豹的影像，但我心中依然存在着一些遗憾，因为我还没有在野外亲眼看到过它们。在安装那些红外相机的时候，我经常抬头极目远眺，四处张望。高原的风无休止地吹着那些静默的岩石，天空总是蓝得那样悠远而深沉。我并没有看到雪豹，但我知道它们就在岩石间蹲坐或者趴伏着，用那双威严深邃的眼睛注视着我。或许它们还未真正接受我的存在，只有当我更加深入地与它们相处之后，它们才会在某个石山上与我不期而遇。

被误会的『灰太狼』

小时候我对狼的印象主要来自于《小红帽》《三只小猪》等故事，故事里的狼自然没有什么好形象：凶残、阴冷，这是我小时候脑子里对狼的主要印象。偏巧我小时候就住在山里，那时候山里就有狼，上夜班的工人有时候也会讲路上遇到狼的故事——因此小时候走夜路总是很害怕，总觉得背后有一只伸着舌头、流着口水的狼在悄悄跟着。

然而有一年冬天，放学回家后我听说厂里有人打死了一只狼，于是跟着一群小伙伴去看热闹。那只狼很大，正被吊在那里剥皮。我打听了一下，说当时有两只，可能由于雪大，跑下山来了，在农田里，看到人也不跑。结果一只被人打死了，另一只跑掉了。当时忽然觉得，这只狼很可怜……后来每家都分到了一点狼肉，但我一口也没吃。

此后的城市生活中，狼的形象慢慢变淡，它不再是伴随在身边那个虽然模糊但很真实的影子。

再次与狼打交道是在川西北若尔盖的喇嘛岭。那天晚上我们夜宿在山里的护林小屋里，外面非常安静，雪悄无声息地下着，只有林鸮的鸣叫偶尔传来。第二天早上出门时天已放晴，我们前去寻找血雉和蓝马鸡，然而就在距离护林站只有几十米的路上，我们看到了一串清晰的大脚印。走过去一看，是狼昨晚留下的。忽然之间，儿时那走夜路时的感受被瞬间唤醒，狼再次出现在我身边，那暗绿色的原始森林顿时充满了魔力。

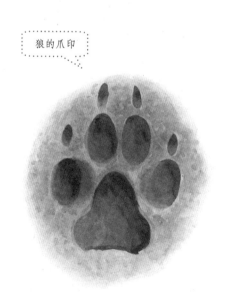

狼的爪印

第二次来若尔盖时，我们终于见到了狼。那是在上山作业完成后，我们一大早就开着车慢悠悠地上路出发，往平武县的方向返回。此前回收的红外相机拍到了不少动物，其中也包括狼。这是我第一次用红外相机拍摄到狼，当时还是非常兴奋的，然而事实证明好戏还在后头。

中午时分，我们行驶在若尔盖

草原上。放眼望去草原上有不少牛马，也有不少旱獭在晒太阳吃草。就在经过一个小山坡时，我们看到草地上有几个小个子的动物正在小跑着前进。开始时我们以为这只是几只常见的藏狗，然而它们并不像通常的藏狗那样呈黑褐色。盔哥举起望远镜看去，片刻后，他惊讶地喊起来："狼，狼群！"

我和明子顿时激动起来，手忙脚乱地举起相机开始拍摄。此时它们离我们并不远，大约只有100米。这看上去是一个家庭，一对成年狼带着三只已经接近成年的小狼。它们发现我们在拍摄它们，于是加快了步伐往山坡上走去。三只小狼非常顽皮，在经过一匹马时它们假装进攻，那匹白马愤怒地撩起蹄子反击，小狼知趣地躲开了。然而没走几步，它们又将目标换成一只旱獭——这只旱獭看到狼群接近，早就很警惕地逃回自己的洞口，随时准备钻洞。很显然，小狼们虚张声势的进攻完全没有效果，旱獭不出所料地钻洞逃跑了。

我们开着车跟随着狼前进的方向慢慢前进，这让带头的大狼有点不安。它停住脚步，蹲坐在小山脊上，漫不经心地四处张望着，另一只大狼则带着三只小狼越过山脊，消失在山后面。于是我们将注意力都放在带头的大狼身上，而它似乎也很配合，并没有离开的意思。

大约十分钟以后，另外四只狼忽然出现在数百米外的另一个山坡上，驻足等待。而我们面前这只狼这才站起身来，循着那几只狼的方向一路小跑地离开了。我们这才恍然大悟，原来这只狼是故意吸引我们的注意

力，好让自己的家人安全离开。我们推测留下的这只狼是父亲。这是我们第一次如此真实地感受到狼的社会性与家庭亲情。此时，狼在我心目中那凶残、阴冷的印象一扫而空了，相反的是，心中升起了一种尊敬。回去的路上，盃哥不断地担心这一家狼的命运，在牧场上，狼是牧民的死敌，见到就欲除之而后快。

此后的这些年我们跑了很多地方，然而狼这种全国广布的物种早已从中国东部绝大多数历史栖息地消失了。只有进入西部的高原和高山地带，我们才能看到狼的踪迹。在四川省甘孜州，我们在海拔3000米到5000米的山地和草原地带都拍到了狼，大多数情况下它们以单只或2—3只的小群出现，然而在一些猎物特别丰富的地方，我们曾经拍到过多达7只的一群狼。一些对狼的粪便的研究分析表明它们的猎物范围非常广泛，从只有一个鼠标那么大的鼠兔一直到水鹿、白唇鹿等大型有蹄类，都有可能成为狼的大餐。在甘孜州新龙县，我们亲眼看到一只狼从林中蹿出，沿着陡峭的山坡开始追击一只吃草的鬣羚（liè líng）。

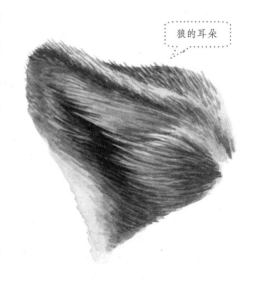

狼的耳朵

这些都显示出狼高超的捕猎技巧：既具备优秀的单兵作

战能力，又善于协同作战。事实上正因为如此，狼才在人类的历史上一直没留下什么好名声，它们对家畜的杀伤力之大显而易见。然而，我所接触到的狼却显示出另一些特质：坚韧，聪明，为家庭成员无私奉献。我想是到了对狼改变观念的时候了，毕竟，以忠诚而著称的伴侣动物——狗，它们的祖先就是狼。

野猪

庄稼地里的强盗：

　　"咋回事？"我看着蹲在门口一脸不爽抽着烟的张二宝。"山猪把刚种的土豆都给拱了。"二宝说。我看看外面的田，明白是咋回事了。

　　此时正是春季农忙时，农民一忙，野猪也就忙起来了。二宝刚在自家靠近山边的几亩地里种上了土豆，没几天工夫，一群野猪下山来，一夜之间把几亩地全部翻了一遍。二宝早上去看到这一状况，顿时蔫了。这损失是没办法了，好在时候还早，现在再去种一遍还来得及，但是谁知道野猪会不会再来呢？这时候二宝无比怀念豹子。"豹子多，野猪就没这么多了。"二宝说。

　　当然了，野猪在春天造成的损失其实还要小一点，更加惨烈的是在

秋天。每年9月，当玉米和土豆即将成熟时，野猪家族也迎来了贴秋膘的季节：此时一窝野猪中当年出生的小猪已经长大，即将到来的冬季对野猪家族的生存而言是个严酷的挑战，而地里那些富含营养的庄稼就成为了无法回避的诱惑。秋季是野猪破坏庄稼最严重的时候，每到此时，太行山里的农民们会在山沟里搭起窝棚，彻夜守护自己的庄稼地，以免遭到野猪的破坏。

野猪，俗名山猪，体重最大可达到400斤。在中国，野猪广为分布，除山东省外，其他各省、直辖市和自治区都有分布。野猪对环境的适应性非常强，食性很杂，爱吃栗子、橡子等坚果类食物及土里的虫子。由于其食量大，活动范围也很大，因此野猪在很多农耕区都成为农民的头号敌人，在保护野生动物呼声甚高的今天，似乎"打野猪"却是一件大家都不那么反对的事情。

每到春播秋收，野猪总爱到庄稼地里寻觅吃的

野猪对我而言是一种非常熟悉，但又远未了解的动物。从一开始上山开始搞调查起，野猪就是最常出现的物种：由于其成群活动，而且爱在泥土里翻找食物，因此很容易留下明显的痕迹。秋季，在华

成年野猪体色为褐色
或略带黑色，体重
50—200 公斤不等

北的栎树林里，落叶堆上常能看到野猪拱食过翻起的泥土和陈旧树叶；而在山沟里，松软的土地上经常被野猪折腾得像被拖拉机犁过一般。

有一次我在北京郊区的山里独自徒步，当我沿着一道山脊下山时，我听到不远处的山沟里传来一阵窸窸窣窣的声音。我驻足仔细倾听，确认这是一只动物正在踏着落叶行走，而从脚步的节奏及声音的大小上来判断，这应该是一只比较大的动物。我猜测这就是一头野猪，但我并没有真的看见它。

第一次与野猪面对面是在江西省宜黄县。当时我沿着一条小溪前进，溪流两侧是高度不高但很陡峭的山峰。这里的蛇很多，我一边走一边仔细注意脚下，避免踩到喜欢盘在路中间的五步蛇。就在途经一道山沟时，我忽然听到右侧的山沟里有些动静。

我停住脚步，抬头望去。这是一条很小的山沟，坡度很陡，有泉水沿着沟流下来注入我旁边的小溪。植被非常茂盛，以致林子下面黑压压的，我很难看清有什么。但我确信有什么动物就在离我不远的地方，而且我认为只要我不动，它或许还会出现，因为一路走来我并没有发出太多噪声，不会惊吓到动物。

果然，两三分钟后，一只黄褐色的动物出现在沟里泉水边的岩石旁，我看得非常清楚，这是一头野猪，距离我也许只有20米。它身上还带有一些暗淡的条纹，显然这是一只半大的野猪，我想它绝不会单独活动，于是我屏息静气耐心等待。果然，没过多久，另外几头野猪陆续出现，

它们从阴影里现身，不停地在地上拱着，寻找可以吃的食物。一群野猪，我遇到了一个野猪家族！

接下来的几分钟里，我数了一下，这群野猪有五六头，其中有一头比较大，我想是成年的雌野猪，剩下几头都是半大的小猪。它们在陡峭的山坡上活动自如，这大大出乎我的意料。因为过去我总是在沟谷里和兽道上看到野猪的脚印，我以为以它们的体重，会避免在陡坡上活动。然而事实证明野猪就像别的有蹄类动物一样，在湿滑的陡坡上站得很稳。当我不小心发出一些声音而导致这群野猪四散奔逃时，我进一步观察到这些像小坦克一般的家伙居然在林子里是如此迅猛灵活。

此后我在各地的山区都会和野猪偶遇，其中有些是体形非常巨大的家伙。而野猪出现的地方也一次一次刷新着我的认知：有一次在川西高原进行调查，当我们把车停在海拔4200米的高山草甸上拍摄风景的时候，忽然不知道从哪里蹿出一头野猪，径直跑到了距离我们仅有30米的地方。我们和野猪看到对方后都大吃一惊，然后这头野猪转身就跑，以不可思议的速度冲下山坡消失在灌丛里——这是我知道的爬得最高的一头野猪了。

事实上野猪在自然界

野猪幼年时
一身条纹

里扮演着非常重要的角色，一方面它是虎、豹等大型猛兽的重要猎物；另一方面，野猪也起到了清道夫的作用，它们会把森林里各种腐烂的尸体吃掉。事实上野猪也是生态平衡的一种指标，很多地方"野猪成灾"正说明当地的顶级猎食者已经缺失，生态平衡已经被打破。不过我们在江西井冈山发现了一个有趣的现象：当地的野猪隔一些年就会因为群体太多而爆发疫病，从而成批死亡，这样一来当地的野猪其实也不会无限制地增加下去。大自然总是有我们不了解的一些机制，来维护自身的健康与平衡。

斑羚

峭壁上的舞蹈家：

　　我舒服地躺在小五台山一处海拔2200米的悬崖边上，下面是落差超过300米的断崖。太阳暖洋洋地晒在我身上，对面那更为险峻的峭壁看着也暖和起来。时值秋季，对面崖壁上大片裸露的岩石中夹杂着一些灌丛，开始发黄的枝叶在阳光的照射下金灿灿的，蓝天下非常好看。一只棕黄色的斑羚从高处沿着这些灌丛以不可思议的灵巧飞奔而下，我正好看着它。

　　这种斑羚的学名是中华斑羚，通常可以简称为斑羚。它们在中国的分布非常广泛，太行山区的中华斑羚是中国分布最靠北的种群，与西南地区的那些亲戚相比，它们毛色更黄，这或许是它们针对华北落叶森林和亚高山草甸地形地貌做出的一种适应性进化。

斑羚是一种喜欢陡峭山地的羚羊，平缓的山地和草原不是它的菜，因此在华北地区，斑羚并不像狍子和野猪这两种大中型有蹄类动物那样常见，通常只有在高大陡峭、有大型切割峡谷或者悬崖峭壁众多的地方，才能找到斑羚的踪迹。目前山西五台山，河北小五台山，北京的东灵山、松山、白河峡谷等地都有斑羚的分布，观鸟爱好者偶尔会看到它们站立

站在悬崖上俯视众生的斑羚

在高高的悬崖之上，居高临下地俯视众生。

斑羚的
粪便

斑羚的名字里虽然有个"羚"字，但它与我们熟知的藏羚羊、鹅喉羚等真正的羚羊血缘关系比较远，而与各种山羊更近一些。通常来说，真正的羚羊类动物更加偏好草原、荒漠类型的环境，山羊类则更喜欢山地地形。在太行山区有斑羚活动的地方，村民们通常把它叫作"青羊"或"野山羊"。它的长相与常见的家养山羊有点类似，体长约1米，体重40—60斤；斑羚四肢的颜色一般比身上略浅，头顶长有深色的冠毛，一条清晰的暗色纵纹沿着脊背一直延伸到尾部。

我和老蒋曾经追寻过斑羚的踪迹。为了找到这种"攀岩爱好者"，我们必须登上那些最高、最陡峭的山峰。那是一个早春的日子，天气晴朗，当我们历尽千辛万苦沿着超过40度的陡坡爬上山脊时，斑羚的踪迹开始出现了：一些岩石的边缘有成堆的粪便。斑羚的粪便和通常看到的羊粪蛋差不多，呈灰黑色的椭圆小颗粒状；和羊粪不同的是，斑羚的粪便经常成堆出现，且都在大片岩石的边缘或缝隙。再往前走，林间尚未融化的雪地上出现了一些蹄印，这也是斑羚留下来的。最后，当我们经过一个陡峭的山峰突起时，一只斑羚从我们上方一跃而出，如闪电般蹿进山坡上的树林里消失了。

这是我们首次与华北斑羚在野外相遇，我们看到了大量的斑羚粪便和其他痕迹，由此确定了这些家伙喜欢在山脊上活动的特点。这也与我们向当地人了解到的情况相符：据山民们介绍，"野山羊"主要在山梁和悬崖上活动，但冬季很冷的时候也会到低处来躲避严寒。这些说法是比较可靠的，小五台山保护区曾经在冬季救助过一只小斑羚，当时它因为难以抵御暴雪的侵袭而陷在一个山沟的深雪里动弹不得，后来在人类的帮助下才得以幸存。

在华北地区，见过斑羚的人屈指可数。不过，到了四川，斑羚就变得常见起来了。有一次我和老万开车在卧龙自然保护区里夜巡，路边所有的岩石山坡上几乎都能看到斑羚，最密集的地段更是恨不能每500米就蹦出来一只。

斑羚的角

事实上我现在躺着的地方就是个斑羚活动的场所。这里虽然不是山脊，只是一个陡坡上相对平缓的、面积很小的台地，但足够斑羚在此觅食和休息。斑羚一般在春季产崽，每胎1—2只。我们的红外触发相机就曾在我身旁的位置拍到一只雌性斑羚带着小斑羚在这里吃草，当然我在的时候，它们不可能出现。

在陡峭地形讨生活艰苦归艰苦，但附带的好处是：免受天敌的骚扰。华北山地的斑羚只有一个主要天敌：华北豹。但华北豹很少愿意爬到这么陡峭的地方来捕猎，如果有得选，它们肯定更喜欢在平缓的森林里追击狍子和野猪。

有一次，我们在一处悬崖下方看到了一只摔死的斑羚，我们无从知晓它为什么会失足落下，或许是受到了豹的追捕，也有可能是一只饥饿的金雕对它发起了袭击，总之它的肉和内脏都已经被吃完了。

我躺在悬崖边一直看着那只斑羚，它走走停停，最后来到崖壁上一处相对平缓的台地，和我现在躺着的地方类似，然后它卧下，享受着秋日傍晚最后的暖阳。我站起身，拍拍身上的土，下山去了。

岩羊

　　如果不算旱獭、鼠兔这些小家伙，岩羊几乎可以算是我在青藏高原上看到的第一种纯"高原"物种。那是在塔公草原，旁边一座小山包，空中几只高山兀鹫（wù jiù）乘风盘旋。当盉哥的车忽然停下、明子扛着相机从车里跑出来的时候，我知道他们应该是发现什么了。

　　顺着他们指点的方向望去，一只岩羊正站在山顶，旁边则是一头牦牛——这个初次见面并不怎么样——一只野生动物就像家畜一样傻乎乎地在那里吃着草。盉哥在一边自言自语："这地方怎么会出来一只岩羊？"是的，岩羊岩羊，顾名思义，这是一种爱在岩石地带活动的羊。在这种草原矮山环境里蹦出一只单独的岩羊，而且还和牦牛混在一起，实在让人觉得有点别扭。

不过这毕竟是我第一次看到野生岩羊，因此还是非常激动——在望远镜里我看得很清楚，长而粗壮的犄角显示出它是一只公羊，身体呈淡灰色，腹部为白色，体侧到腹部的交界处为明显的黑色分界线，腿的前侧为明显的黑色。它看上去比常见的家养山羊略大一些，体态更加匀称。

这只岩羊很快就消失在山的背面，我们也继续赶路。在青藏高原，岩羊是雪豹最重要的猎物，在踏上高原之前，我脑子里一直幻想一幅场景：空旷而陡峭的崖壁上，成群的岩羊在觅食，而距离它们不远处，一只雪豹悄悄潜伏着。这场景在我脑子里挥之不去，似乎高原就应当如此，然而我没想到第一次与岩羊相见居然是这种情形。

岩羊的腿就像黑色腿上带着白色的护膝

几天以后，我与岩羊再次以一种意外的方式相遇。

甘孜州新龙县，地处青藏高原第二级抬升①，横断山脉里的一个小县城。这里的人们信奉藏传佛教，诵经声在县城周边的寺庙里终日传唱着，野生动物因此而得到护佑。

我们来到了一座海拔约5000米

①青藏高原隆升造就了我国的三级阶梯（抬升），其中第一、二级的分界西起昆仑山山脉，经祁连山山脉向东南到横断山脉东缘。甘孜州新龙县位于第二级阶梯。

的神山，据说神山上的动物特别多。能被奉为神山的，几乎都高大而陡峭，扎嘎神山便是如此：高耸的崖壁如同匕首般插入蓝天，刀锋下面是翠绿的森林，一座寺庙便坐落在距离山顶不远的地方，五彩的经幡装点着巨大的岩石和草场。无论如何我也没有想到，在这座神山上，看到的第一种兽类居然是岩羊，而且，是在森林里！

当时我们走在距离寺庙不远的山路上，这里的海拔已至4000米，路的两侧是高大的冷杉林。林业局的洛布降泽走在我们前面，忽然他回头招手，示意我们过去。他指着下方的灌丛，我仔细一看，好家伙，是一

像岩石一般
冷峻的岩羊

大群岩羊！我让自己冷静下来，生怕行为过激吓到了这群岩羊。不过我很快发现它们并不太在乎我们。很显然，它们刚从山沟里喝完水，现在正穿越森林回到高山上去，沿途顺便吃点草。

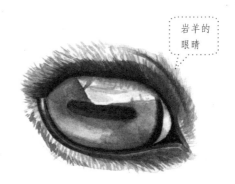

岩羊的眼睛

我们数了一下，这群岩羊有20来只，全部是母羊和小羊。居住在神山上的它们早已习惯了人类的存在，或许它们认为我们只是无数转山信徒中的一员。我站在小道上，羊群一边吃草一边经过我身旁，不以为意。一只母羊抬头与我对视，目光中没有胆怯和恐慌，我看着它，忽然体会到原来人与野生动物是可以如此相处的。

这一天晚些时候，对面山脊上又出现了一群岩羊，数量达到100只以上，寺庙里一名扎巴（普通僧人）告诉我们，那座山梁上曾经出现过雪豹。

此后的日子，岩羊变得常见起来。见得多了才发现动物世界的奇妙之处，以及自己对动物认知上的浅薄：横断山脉的岩羊虽然平时喜欢待在高山草甸地带，但也经常进入森林，因为它们会下到低海拔河谷里喝水。每天它们都会在落差数百米的山坡上攀登上下，狼、豹、雪豹、棕熊，各种猛兽都会在不同的环境里伺机捕猎岩羊。

我也终于见识到岩羊何以被称为岩羊：无论是大羊还是小羊，它们都能在陡峭的岩石上如履平地。有时候我简直难以想象，在那些近乎90度的崖壁上，这些家伙是怎么站住脚的，似乎岩石上只要有一点点凸起，它们就能把蹄子稳稳地踩在上面，并让身体保持平衡——我相信它们一定都没有恐高症。

要想找到雪豹，就要先找到岩羊。我们在高山地带四处寻觅，大群岩羊的出现总是令我们兴奋，这意味着我们距离雪山之王——雪豹已经不远了。在一个寒风呼啸的下午，我们踏着雪爬上一座海拔接近5000米的山峰，在陡峭的山脊上安装了红外相机。一群岩羊就在距离我们1000米左右的山坡上。望远镜里，它们静静地站立在岩石堆中，灰色的皮毛如同岩石一般冷峻。它们世世代代生活在这里，雪豹也是如此。高山、寒风、岩石、草场……数十万年来这样的场景从未改变，我希望这能永远持续下去。

沙地之夜：

跳鼠

　　当最后一丝余光从西边的沙丘上方消失，我们从睡梦中醒来，发动汽车开始了今夜的浑善达克沙地之旅。此前的经验告诉我们，只要天还未全部黑透，我们的夜巡目标之一——跳鼠，就不会出现。

　　我们现在身处内蒙古正镶白旗北部的浑善达克沙地草原，这里拥有独特的自然景观：连绵不断的沙丘中生长着连片的沙榆和红柳，这些粗壮但低矮的榆树构成了沙地的绿色屏障，阻挡了黄沙被风卷起从而形成沙暴。沙丘间偶尔会出现一个水泡子，这不但为牲畜提供了食物和饮水，同时也为大量的雁鸭类和其他水鸟提供了粮食。

　　如果在白天看这片沙地，会感觉和非洲的稀树草原很像，所缺乏的无非是成群的野生动物。然而这里也曾经拥有过黄羊成群奔跑、狼群追随在后，蓑羽鹤翩翩起舞、天鹅引吭高歌的盛况，只是这些美景如今已经随着人为影响而一去难返了。但这里依然拥有独特的生物多样性，在白天，我们能看到许多达乌尔黄鼠和斑翅山鹑；而现在，夜行性动物即将开始活动，我们的夜巡即将揭开沙地夜间的灵动一面。

汽车沿着一条僻静的公路驶过草原，两侧的沙堆逐渐多了起来。夜色中我们的感官都开始敏锐起来，老万目不转睛地盯着汽车前方被车灯照亮的道路，我和巧巧则各自用手电筒照着道路两侧。与在山路上夜巡不同，沙地里我们的视野能达到很大范围。

跳鼠生活的沙地

跳鼠很快就出现了！无论在车的灯光前还是在我们手电筒的光柱里，跳鼠都会忽然出现。只见沙地上一个拖着长尾巴的小小身影以惊人的步伐蹦跳着，这种纯夜行的小动物对于灯光显然非常敏感，它们就像安装了弹簧一般，一次起跳的跳跃距离达到1.5米。你很难想象这些萌萌的小东西具备如此强悍的运动能力，以致我们很难持续观察一只跳鼠超过5秒，它们很快就消失在黑暗中了。

我们继续前行，打算看一看跳鼠在这里究竟能达到什么样的数量级别，以及伴随跳鼠的还有什么动物。沿途的动物并不罕见，除了跳鼠外，不时有灰头麦鸡因为我们的打扰而不满地鸣叫，在一些水泡子边的草地上我们偶尔能从手电筒的灯光中隐约看到不远处蓑羽鹤那影影绰绰的轮廓。蒙古兔的数量也不少，黑暗里它们的眼睛会因手电筒照射而反射出红色的光，非常容易看到，看上去它们很喜欢在凉爽的夜间进食。狍子在这里比较罕见，偶尔我们会在沙榆林间看到狍子那美丽的犄角，借助夜色的掩护，它们从白天的藏身所里出来，啃食青草并来到水泡子边上喝水。

平均每100—200米就能看到一只跳鼠，在以沙子为主的地区，我们往往能同时看到四五只跳鼠同时在灯光里蹦跳，但是一旦到了草地比较多的区域，跳鼠的数量就明显减少。令人惊讶的是，除了跳鼠外，还有另一种意料之外的动物也很常见：纵纹腹小鸮。这种体形娇小、外形如同一个小毛球一般的猫头鹰不时出现在我们的视野里，有时候它

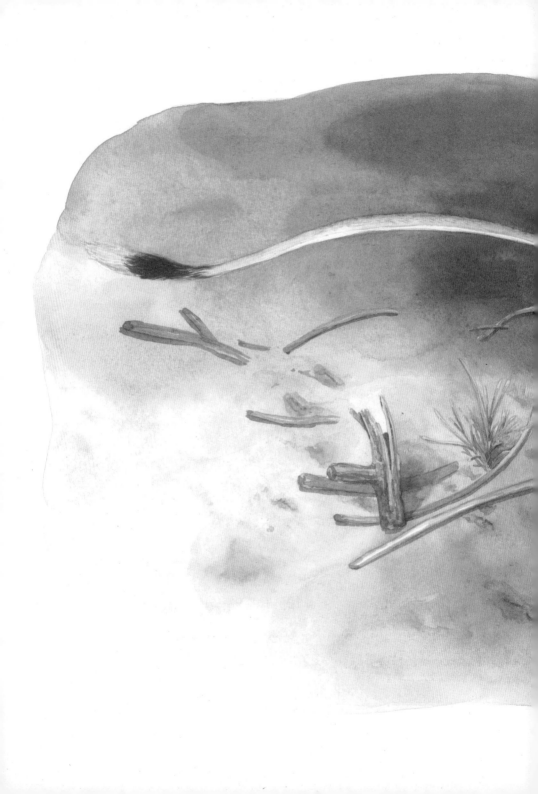

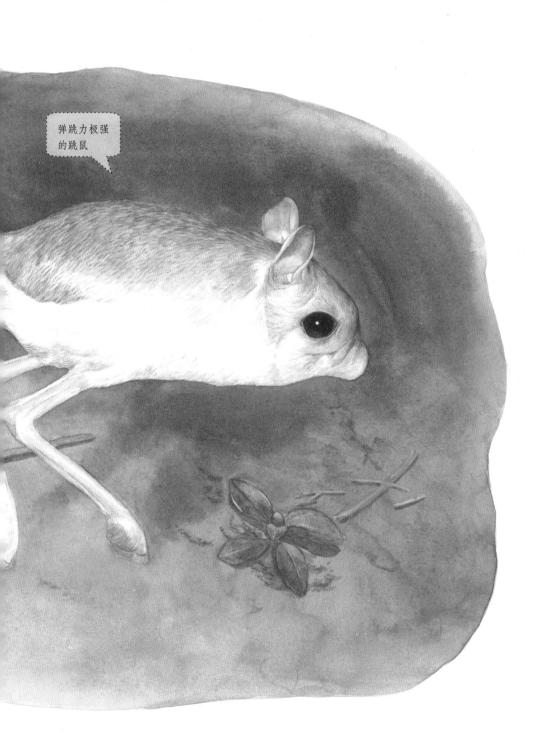

出现在我们车前方的光柱里，忙着捕捉被灯光吸引的蛾子；有时候我们在用手电筒四处扫视的时候会看到它无声地从光柱里飞过。时值7月，今年出壳的小猫头鹰已经离巢独立，现在这片沙地里到处都是这些夜间的猎手，想必正是大量的跳鼠、蝗虫和沙蜥使此地成了纵纹腹小鸮的乐园。

最终，当计数超过100只跳鼠后，我们放慢了速度，打算仔细看看这些善于跳跃的小东西。或许是由于夜色已深，此时出现的跳鼠更多了。事实上这地方出现了两种跳鼠：占绝对数量优势的是三趾跳鼠，偶尔也能看到五趾跳鼠——五趾跳鼠的耳朵很长，就像兔子一般，非常容易识别。

好运气终于降临了，在经过十几千米的夜巡后，我们发现了一只不那么敏感的三趾跳鼠。这只跳鼠虽然也被蓦然出现的灯光搞得晕头转向，但是并没有急着逃跑，而是慢慢地蹦跶到一边的草堆里，于是我们停车细细观察。这只跳鼠在我们走到它身边时并没有什么特别反应——我们一度怀疑这只跳鼠或许身体有些问题。

不过仔细看来，它身体并不瘦弱，毛色也比较油光顺滑，看上去很健康的样子。这是我第一次近距离地观察一只野生跳鼠：它浑身呈淡黄褐色，肚子是白色的，看上去非常干净；它体长不过10厘米，又蜷缩着，看上去就像个小绒球，完全可以放在手掌里；它的一条长尾巴几乎有体长的两倍，末端有个毛球，这使得它看上去非常可爱。它的眼睛圆圆的，

跳鼠是夜行性动物

瞳孔很大，看上去乌溜溜的很好看，或许它根本无法收缩瞳孔至很小以适应白天的强烈日光。它跳跃的时候后腿很长，然而此时趴在那里却显现不出来。

我们看着这个跳鼠，它在那里用手捧着一个草根嚼了几下，也不知道究竟是不是在吃，然后它试图在地上的沙子里挖出一个洞钻进去。资料上说跳鼠会吃草籽、草叶，然而昆虫也是它们喜欢的食物，但在夜色里我们实在无法观察到它们究竟在吃什么。观察了几分钟后，我们担心灯光会对这只跳鼠造成过大的干扰，于是离开它的身边，仅仅借助车灯的侧面余光看着它。重返黑暗后这只跳鼠似乎开始清醒过来，它在地面小步跳了几下，然后朝着更黑暗的地方蹦去，消失在夜色里。

野兔

　　5月末的一个清晨，我在太行山开始了一天的调查。虽然城市里早已春意盎然，但此时山里的温度还很低，草叶上凝结着露水，蝴蝶也躲在树叶的背面，期待阳光将其翅膀晒干，方能在林间翩翩起舞。

　　森林里已经非常喧闹，此时正是春季返回的鸟类求偶营巢的时节，一大清早它们就开始叽叽喳喳。而大多数兽类早已在日出后就降低了活动的频次，取代它们的是山地麻蜥，这些冷血动物已经迫不及待地出现在路边，等待着温暖阳光的光临。

　　然而我知道，这个季节里有一种动物会经常与我碰面，这就是野兔。中国常见的野兔主要有四种，华北地区的都是蒙古兔。这些家伙喜欢在干燥、灌草丛较多的矮山地带活动，身上那灰褐色的皮毛使它们能很好地融入到背景里去，当它们不动的时候你很难看到。

不过兔子可没啥耐性，我经常走着走着就能看到一只兔子从前面的草丛里蹿出来，蹦跳着一骑绝尘而去。在一个土坡下面，一只兔子忽然从旁边跃起，飞过我的头顶落在另一侧的草丛里，这着实把我吓了一跳。有时候我很纳闷，为什么它们这么沉不住气，事实上如果不是它们自己跑出来，我根本就不知道它们的存在。

然而有些兔子似乎就和其他同类不一样，我曾经在一条山路上开车行进，一只兔子在我们的车前面奔跑了一会儿，然后就往路边一跳，趴在草丛中一动不动。我们把车开到它身边，我从车窗里探出头去看着它。这只兔子缩成一团，耳朵紧紧贴在背上，斜着眼睛看着我。我们俩就这么大眼瞪小眼地对视了一会儿，它的表情我说不上来是紧张还是什么，但我觉得它现在一定在默念："你看不到我，你看不到我！"

这让我觉得非常好笑，明明我就在这里看着它！不过既然它不打算跑，而我也没有兴趣把

野兔喜欢在干燥、灌草丛较多的矮山地带活动

它吃了，因此我就继续赶路，让它仍然趴在那里假装不存在。

这一天我大约看到了25只兔子，也可能更多，因为最后我已经懒得去数了。不过并不是所有的季节都能看到这么多兔子，我印象里这种热闹的景象一般从4月份开始，这时候兔子们正在春风里快乐地谈恋爱。每到黄昏时分，山脚下的草地上就出现了不少兔子，或单只在那里吃草，或出现两只互相追逐个没完没了，通常在五六百平方米的草地上能出现五六只兔子乃至更多。然而到了夏天就没有那么多兔子蹦来跳去了，此时它们各自分散活动，但运气好的时候我会在山路上看到母兔子带着两三只小兔子排成一队跑过我面前。

俗话说"狡兔三窟"，但实际上中国这几种野兔都不会打

可爱的野兔

洞，它们平时只是躲在灌草丛里，依靠植物对自己进行掩护。这个特点使得它们在遇到天敌的时候没法像穴兔那样钻洞躲避，只能靠奔跑来御敌——这往往没有什么好结果。在华北地区，兔子的主要敌人包括金钱豹、豹猫、赤狐、金雕等多种猛兽和猛禽，由于野兔数量众多，而且肉也不少，因此成为了很多食肉动物所喜爱的食物。我们的红外相机多次拍到母豹叼着兔子经过，这通常是带着猎物回去喂饱饥肠辘辘的小豹子。兔子的数量往往会直接关系到这些食肉动物的生存质量，如果冬季雪太大，则会有很多兔子由于雪厚找不到食物而被冻死，这又会导致冬季到春季食肉动物的猎物不足。不过好在兔子繁殖能力很强，只要一个夏天，它们的数量又会多了起来。

兔子白天和晚上都会活动，夜间活动的频次可能更高一些。在野外其实发现兔子的踪迹非常容易，它们喜欢有大片草地的平坦地形，而周边又要有足够的高草丛和灌丛供其藏身。草地上往往会留下很多黄绿色的粪球，直径约1厘米，非常显眼，通过这些粪球就很容易判断野兔的存在。它们似乎并不是很喜欢陡峭寒冷的高山和森林地带，相反，在更加接近人类农田的地方，兔子要更常见一些。

黄昏时分，我完成了一天的工作，从山里沿着山路轻松地往回走。此时白天已经很长，气温也非常舒适，我丝毫不用担心赶不回去。因此我找了块大岩石舒服地在上面躺了下来，打算看看有什么动物会从我身边经过。然而今天除了野兔外什么都没有，当我在那里一动不动时，两

野兔的粪便

只兔子就放心大胆地跳了出来，在离我不远的地方吃草。不一会儿，它们又互相追逐起来，甚至跑到了距我只有几米远的地方。这时候我相信守株待兔的故事是真的，这些家伙真的有可能一头撞上我的脚！

几分钟后，打斗结束，一只兔子继续吃草，另一只则沿着小路往山里跑去。我看着它离去的背影，夕阳照射在它的身上，那竖起的耳朵在光照下显得红彤彤的，就像这春季的山林一样充满了生命力。

黑色小波浪：

水獭

　　我的水獭记忆是冰激凌味儿的，镇着新龙县冰凉的河水。

　　2016年9月，我们正在川西地区进行野外调查，晚上逮着机会就会去夜巡。新龙夜凉，低至零摄氏度。鹳总在漆黑一片的土路上开车，我和大猫裹着羽绒服、戴着手套，握着散射光的手电筒，探出窗外各扫一边，随着土路的坑洼颠簸扫视着山坡、河流，不放过任何一个反光点。

　　夜已深，当天白天走了10千米左右的山路，现在困意逐渐袭来。开出一个村子不远，我就被颠眯了眼昏昏欲睡，然而过了一个小土坑，又被颠醒了。正是这一抬眼的工夫，手电光所照之处——河流一块石头上

100

水獭生活的河滩

有一对黄色的反光点！

"停，往后倒，河里有东西。"我压低声音说。大猫后来说，那一刻，他就觉得是水獭。

鹳总稳稳地把车倒回去10米，手电光照去，那是河流的平缓处，水流下，大小不一的石头遍布河滩，再往下，水流又重新湍急起来。离岸不及10米处，一只水獭在石头上支着上半身，清晰地出现在我们眼前，我终于理解了"皮光水滑"这四个字的意思。灯光下，它灰黑的皮毛泛着湿漉漉的水光，致密油亮，胸腹的白色非常显眼。

不及两秒，它就把扁平宽阔的小脑袋扎进了河里。流线型的躯体在

101

水里就像一个游泳健将，动作流畅迅速得就像一道黑色的小波浪。突然，又一道黑色小波浪追过来了。"还有一只！"我差点惊呼起来。大猫、鹳总赶忙跳下车，就着灯光按了几下快门。然而它们在水里十分活跃，对焦艰难，于是大家放下了相机，静静看着。没过一会儿，它们一前一后游向河中心的一片小沙洲，消失在夜色里。

我们抱着一丝希望，在岸边装了两个红外相机，万一它们再找石头落脚休息，没准就能拍到。然而，从黑夜到白天，它们没有再在石头上停留，红外相机也无功而返。但是这不重要，重要的是这次"撞大运"一般地与水獭相遇了。

在此之前，我们从未想到真的能在新龙看到水獭。因为在中国，水獭实在是有点稀罕。水獭是水生生态系统中的顶级捕食者，好比森林中的虎或豹，只有健康的河流才能得到它的垂青。水獭适应能力极强，在

水獭的爪子

我国，从海平面到海拔高达4120米的淡水区域，包括江河、湖泊、池塘、溪流、湖沼、沼泽甚至稻田，都曾有它的身影。

但令人唏嘘的是，随着我国水环境的被破坏，水獭慢慢淡出了我们的视野。如今水獭在许多传统栖息地都已消失不

见，除了狩猎、水污染、水电站等水利工程的影响外，河流里的鱼被大量捕捞也是导致水獭消亡的重要原因。一只水獭体重有10来斤，每天要吃大量的鱼，可能多到两三斤，然而现在中国大多数河流里的鱼都被"农家乐"了，水獭也因此逐渐消失。大猫曾经问有着多年野外工作经验的李晟博士："既然唐家河（四川省的一个保护区，以容易见到动物而著称）有水獭，那为啥老河沟（附近的另一个保护区）就没有？不就隔一道山梁吗？"李博士说："唐家河的鱼比较多，老河沟的鱼基本被抓完了。"

除此之外，水獭也衰败于过度的捕杀利用。因为水獭有半水生的特殊生活习性，竟然有人传说水獭可治湿寒；在北方，也曾把水獭皮当成身份的象征，或做套袖、帽子，或做冬天的靴子，据说防水保暖效果很好。第一次进这道河谷时，我们向新龙环林局的同行打听："这里有过水獭的记录吗？"他说："有，以前一个月就能收很多张水獭皮子……"这一次发现水獭，我们叮嘱知情人守紧口风，千万别再给它们招来杀身之祸。

总之，因为以上诸种原因，到了20世纪80年代，我国大部分地区的水獭种群已经遭受了毁灭性的打击，种群严重下降，甚至区域性灭绝。因此，作为淡水生态系统的旗舰物种，每一个水獭种群都像一个宝贵的火种，可以点亮每一条健康的河流。

第二天，我们沿着这条发现水獭的河流行进。沿途河谷中皆为高大

黑色波浪般
的水獭

的云杉，由于昨晚与水獭的邂逅，湍急的河流在我们的心里变得生机盎然起来。根据我们在甘孜州新龙县的观察，当地满足水獭生存条件的溪流不在少数，而整个甘孜州还有许多类似的环境。大猫说："我觉得藏区就像热带雨林一样，就算你觉得已经不能再糟了，也总会有奇迹。"新龙水獭的发现似乎提示我们：在横断山脉众多的河谷溪流中，或许还存在着一个我们尚未了解的水獭种群。

回程路上，大猫说："水獭是你发现的，记一功，要啥奖励？"

我说："两个冰激凌。"

在我的心里，想要的奖赏还有一段漫长的时光，长到可以在越来越多的河流里，与水獭相遇。

狗獾

　　我当年在读鲁迅的《少年闰土》这篇课文时，其实最感兴趣的是"猹（chá）"这种动物。鲁迅的注解说："'猹'字是我据乡下人所说的声音，生造出来的……现在想起来，也许是獾（huān）罢。"长大后便一直好奇，这究竟是哪种獾呢？

　　中国大约有四种獾子：猪獾、狗獾、鼬獾、狼獾。很有意思的是这些獾的名字里都有其他动物：猪、狗、鼬、狼，这也很好地描述出这几种獾的特征。从分布上看，鲁迅的故乡浙江绍兴地处长江以南，当地的獾应该有两种：猪獾和鼬獾，这两种獾都广泛分布于中国南方；而狗獾则主要分布于中国黄河以北及青藏高原，狼獾更是寒冷地区如新疆、东

107

北的物种。我们现在也不能确定猹到底是猪獾还是鼬獾，但是当我们在华北地区的山区游走时，打交道更多的却是狗獾。

华北的山区有个有趣的现象——猪獾和狗獾在这里都有分布。这两种体形外表接近的獾子，有时候真是很难分辨。不过照片看得多了，也便有了些体会：猪獾肥胖，毛乱蓬蓬的；狗獾匀称，毛皮光滑。自从对这两种獾子的认识加深以后，我就开始更加偏心狗獾了，因为我觉得狗

像小土狗一般的狗獾

獾更可爱一些：嘴尖耳朵圆，就像一只小土狗一般，比肥头猪嘴的猪獾好看多了！

于是我就一直很盼望能够在山里真的看见狗獾，很想知道这家伙看到人以后究竟是什么反应。奇怪的是，我们在夜巡中似乎从来就没有见到过狗獾，这家伙的活动习性似乎和我们熟悉的豹猫、狐狸这些都不大一样。终于有一天晚上我明白了这是为什么。

那天晚上我独自在北京香山一处僻静的小路上，拍摄蝎子、壁虎等夜间出没的小动物。晚上10点左右，我感觉拍得差不多了，于是收拾设备沿着盘山路准备下山。山坡上有一条下山的小路，我在路口稍作休息，打算一次就下到山底下去。就在我坐在那里喝水的时候，忽然听到山坡上传来一阵窸窸窣窣的声音。我很诧异，想象不出在这风景区里还能有什么野生动物活动。于是我关掉手电筒，一动不动地等着，看看究竟是什么东西在活动。

大约等了一分钟，我听

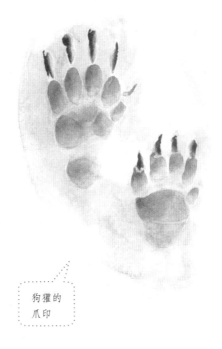

狗獾的爪印

到那窸窸窣窣的声音越来越大，感觉它就在离我不远的地方了。我打开手电筒，朝着声音传来的方向照过去，光柱中出现了一只灰色的动物：狗獾！这只狗獾朝我看过来，然而手电筒很亮，它根本看不清黑暗中的我，于是它继续自顾自地在地上翻腾着找吃的。我终于明白了为什么夜巡中很难看到这家伙，因为它不像豹猫、狐狸等动物那样晚上放心大胆地在比较明显的小路上溜达，而是依旧喜欢在山坡上的草丛里觅食，难怪手电筒很难照到它！

后来我看得入神，身边的三脚架不小心被碰倒，发出"啪"的一声。狗獾虽然看不见我，但是对这声音非常敏感，它立刻扭头一路小跑地消失在草丛里了。

在山里狗獾的踪迹其实并不难看到，我在松软的沙土地或者水边的泥地上经常看到它的足迹。而我们安装的红外相机所监测到的情况表明，虽然这两种獾子都更加喜欢在夜里活动，但相比于猪獾，狗獾在白天活动得略频繁一些。夏季，红外相机能拍到小狗獾和母獾一起活动，通常我们会看到2—4只小獾，到了秋季入冬时这种场景便不复存在，小獾跟着妈妈的时间要比猫科和犬科动物短很多。

在山里我们经常看到獾子洞。这些家伙是有自己固定的巢穴的，它们挖洞的能力很强。每年春季3月，当山里的雪还没化的时候，狗獾就已经开始出现了；整个春季和夏季都能看到它们忙忙碌碌的身影，它们会捕捉鼠类、小鸟及一些两栖爬行类作为食物，同时也会吃一些植物性

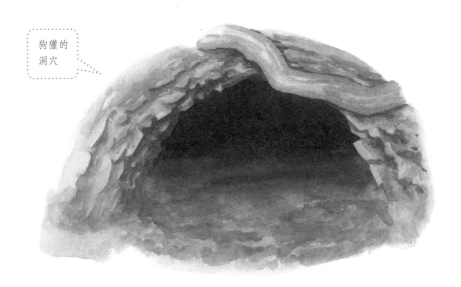

狗獾的洞穴

食物；而秋季它们和野猪一样会到庄稼地里祸害玉米、土豆，为过冬储备足够的脂肪；到了11月中下旬，狗獾就很难再见踪影了，它们藏身于那深深的洞穴里，在睡梦中度过寒冷的冬季。

后来我们在路上也遇到过几次狗獾，有一次一只狗獾在与我们的汽车相遇的时候展现出一种什么都不在乎的勇气：它完全不知道该往哪里跑，于是沿着路和我们的汽车赛起跑来！我们踩着油门在山路上与它并驾齐驱，直到跑出100米后，这个冒失鬼才恍然大悟一般，一个急转弯跑到路边的草丛里去了。师父老王跟我说过一件更加离奇的事情：有一次他在山里走，忽然碰到一只狗獾。这只狗獾不知道出于什么考虑，径直就向他冲锋而来。这勇猛的冲锋搞得老王不知所措，他蹦跳着躲闪，并试图一脚把它踢飞，然而狗獾很灵活地躲开了老王的攻击。双方过了几招后，狗獾又像开始冲锋时那么突然地选择了退出战斗，消失在旁边的灌丛中，留下老王一个人在那里一头雾水，不知到底怎么得罪了这只狗獾。

总之，千万记得，在野外遇到狗獾时，不要去尝试预测它会做什么，因为这家伙根本就是无法捉摸的。

白唇鹿

漫步在云和山之间：

　　我一直都忘不掉白唇鹿在山顶上的剪影。

　　那是四川石渠县洛须镇的一处山上，这座山的外面，金沙江在河谷中流淌，河对岸就是青海玉树。这里也是一个以白唇鹿为关键保护物种的国家级自然保护区。在一个临近日落的时刻，我们开着车往山外走，遥远的山顶上，两顶巨大的三叉鹿角在最高处随着匀称的躯体缓慢地游走在山和云之间。我们赶紧下车拍照，端起长焦一看发现太远，拍不着，就站在风里，举着望远镜看。逆着夕阳，两只白唇鹿慢慢悠悠地走着，不时低下头啃啃草，自由而惬意。不知道为什么，看得我的眼泪几乎都要落下来。

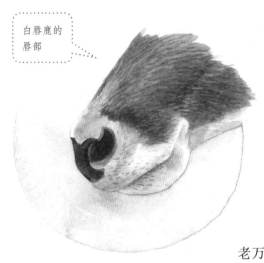

白唇鹿的唇部

懂汉语的仁青在洛须林业局工作了20多年，他说，这里的动物多得很，尤其是白唇鹿。确实，光是那一天，我们就看到三次白唇鹿。

第一次，眼尖的松吉进山不久就看到山上有东西。老万架起单筒望远镜一点点扫描，薄薄的山雾里，五只白唇鹿正在往山顶横移。老万看得陶醉，索性熄了火，在山下等我们。

我们沿着缓坡往上走了不到200米，就迎来了第二次更痛快的邂逅。那是在护林员尼玛的家门口，一大群白唇鹿就在屋后山坡上溜达着，对尼玛和我们视而不见。

说实话，如果它们不动，我几乎很难从山坡上的矮树和灌丛中一眼就将它们分辨出来。除了白色的耳缘、鼻、唇和臀斑，它们灰褐色的毛皮混杂在绿色的植被中，就像土地一样完美。当它们移动进食时，头上的叉角也将矮树的枝叶搅得一阵颤抖。那是一个十几只的散群，两三为伍，吃几口树上的绿叶，就移动一下；在咀嚼过程中，还有公鹿抬起头来看看我们，又满不在乎地继续漫步。

在这里稀松平常的白唇鹿，却是中国特有的鹿种。适合它们生活的地方不多，只局限于青藏高原东部边缘，包括西藏东部、青海东部、甘肃西部和四川西部。它们喜欢针叶林、杜鹃、山柳灌丛和高山草甸，生活在海拔3500—5100米处，冬季也不会离开。与高原其他鹿类相比，白唇鹿更喜欢开阔的栖息地。草、灌木、地衣、树叶和树皮，都可以成为它们的食粮。

白唇鹿虽然是典型的大群社会性鹿，通常集小群生活，但季节性地也能见到200—300只的大群。但是，由于人类对鹿角的贪念，白唇鹿遭到了大量捕猎，已经在很多历史分布区消失。

白唇鹿的角

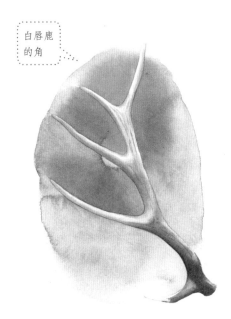

在洛须，它们还是安全的。这里的村民目前只对虫草感兴趣，在偌大的山里，会时不时出现两三个骑着摩托车放牦牛放羊的藏族青年。季节性地涌现出一大批采挖虫草的人，基本不会有对白唇鹿下手的人。

我们躺在对面的草坡上，不用望远镜也能看见它们的移动。仁青、护林员松吉和平措也和我们一起歪着躺了下来，仁青一边往嘴里衔了根草，一边跟尼玛聊天。

生活在高海拔地区
的白唇鹿，也喜欢
自在惬意地晒太阳

仁青："你们这里豹子多不多？"

尼玛："有，上周我和儿子上山，正好跟两只豹子撞上，然后它们掉头就走了。"

大猫嘱咐仁青问问他家里的牲畜有没有挂掉的。

尼玛说："吃得多，狼也有，白豹子和黄豹子也有。"

我心里暗自感叹这里"多球滴恨（方言，强调有很多）"的动物，一边端起望远镜往远处扫去——万一再扫着一只豹子呢？然后就看到了1000米开外的山坡上，一群五六十只白花花的岩羊大群。无论是行走在林缘之间的白唇鹿，抑或是岩羊，它们的自在就意味着白豹子和黄豹子的自在。

最后的回程，看着逆光中的剪影，我们看得高兴又感动，各自向山发愿——这个白唇鹿和大猫们的家园啊，咱们后会有期。

草原胖子土拨鼠：

旱獭

车子翻过一座山，大猫突然放低声音："停一下，山上有东西。"鹤总一脚刹车，我们齐刷刷地往山上看，个头挺大，还在跑，会不会是……兔狲？架上望远镜一看，啊，竟然是旱獭——胖得像猪，停下来后还拼命往腮帮子里塞草！

这是在川西从甘孜州开往德格县的路上。早在刚过康定时，大猫就嘱咐我把眼镜戴好："做好加新种的准备吧，大兽难见，小兽不少。"他说得没错，在四川满打满算的30天里，几乎天天都能看见小兽，其中最常见的，就是旱獭。

旱獭俗称土拨鼠，体重可达到10—20斤，胖乎乎的如同小猪一般，藏区人民管它叫"雪猪子"。中国有好几种旱獭，分布在青藏高原的都是喜马拉雅旱獭。在草原上，鼠兔往往因为被认为破坏草场而被毒杀，但旱獭却并未遭此厄运。从草原到以草地为主的山坡上，旱獭随处可见，它们在自己洞穴附近觅食，密度有时能达到很高。

第一次来川西，第一次见旱獭。第一只映入眼帘的这位仿佛在海拔3000米的草甸上为我打开了一个旱獭王国的隐藏结界：两块篮球场大小的草甸上，一个个小土洞，或掩在草里，或暴露在外，右手边三只旱獭在进行吃草比赛，左边两只分别站在小坡上下，抬头45度发呆，眼前还有两只陷入了疯狂的追逐……

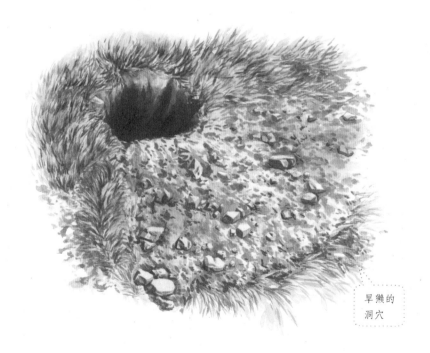

旱獭的
洞穴

旱獭喜欢趴在大石头上晒太阳，人一靠近，就会"刺溜"钻进石头缝儿里

当时是9月中旬，对所有旱獭而言，最重要的事就是吃。它们要在冬天来临之前，为自己存满厚厚的脂肪，最好肚子溜圆，下巴也垂坠出油亮的肉褶，跑起来颤颤地被甩在风里。只有储存足够的能量，它们才能在第二年春天来临时，重新苏醒。看着这似曾相识的吃货属性，突然间，我就理解了它和松鼠之间八竿子以内的亲戚关系——松鼠科亚非地松鼠亚科旱獭属。

喜马拉雅旱獭一身土黑色的厚皮，看着笨拙朴实，内里却是所有食物链底层动物的生活智慧和技能：警觉、谨慎，以及好多条后路。

甘孜州洛须镇，我在海拔3700米的小草坡上等大猫和明子两支队伍。阳光暖暖，草和蓝玉簪龙胆铺就的草坡上有两块大石头，各自被一

草原上的"小肉坦克"

只旱獭占领，它们懒洋洋地瘫成粗粗的一条，尾部松松地沿着石头垂下来。眼看一片祥和，我蹑手蹑脚地想靠近，行至10米处，它们撑起了上肢，呈45度仰望的警惕状，近至5米，它们的下肢也立了起来，再向前一步，就刺溜一下跑走了，走近一看，石头下有一条大大的缝儿，地下不知是怎样一个可观的洞穴呢。

每每看见旱獭的小土洞，我总觉得食肉动物也和我们一样高兴——满地皆佳肴啊！曾有被其萌态折服的粉丝给我们留言："雪豹不吃旱獭的，对吧，对吧？"大猫哭笑不得："那么多肉，雪豹只要抓住，肯定吃啊。"为了增加可信度，他又一本正经地说，"文献里也是这个说法。"所以，虽然不是主要食物，但是旱獭确实在雪豹的食谱之内。

除了雪豹、豹，将旱獭视作美味的还有金雕、棕熊、藏狐、赤狐、狼、猞猁、兔狲……在旱獭洞前，我们就曾见过一大把一大把的狐狸粪，做标记都做到门口了，旱獭得多小心翼翼才能颐养天年啊！我们看到旱獭时它们往往一动不动地45度仰望天空，这并不是它们在有意卖萌，而是它们必须随时提防猛禽来袭——在草原上，大鵟、草原雕乃至金雕数量众多，它们擅长从天而降，袭击这些蛋白质丰富的猎物，因此无论是鼠兔还是旱獭，都需要时刻做好防空准备。

此外，旱獭群居而生的生活习惯也有利于它们预防天敌。通常只要有一只旱獭发现敌情，它就会大声吱吱叫喊起来，于是附近所有的旱獭都会应声而逃。不过到了秋季，一些食肉动物会急于大量进食，这时候

旱獭的日子就不好过了。比如狼和棕熊甚至可能挖开旱獭的洞穴，就算它们藏身地下有时也难逃厄运。

然而说起小心翼翼，相比旱獭而言，动物摄影师似乎是更底层的物种。为了拍到一只神情深邃的"小猪状"旱獭，我们随行的志愿者摄影师——网名"碧空"，双膝落地，跪爬前行，心里祷告100遍，才在距离它5米远的地方，撅着屁股，轻轻按了一下快门。其实过于接近旱獭也有一定危险，因为它们可能会携带致命的鼠疫，所以即便旱獭憨态可掬，一般情况下还是敬而远之比较安全。

除了四川，喜马拉雅旱獭也分布在甘肃、青海、新疆、云南、内蒙古和西藏的高山草甸，作为陆生生态系统基础的一环，它们生活的质量也决定了整个食物链的健康与否。在接下来的日子里，我们遥遥地看着路边的旱獭，没有再去惊扰，知道它们成群结伴，饮食无忧，这就够了。

夜间小飞侠：

复齿鼯鼠

我们曾经学过一篇课文《寒号鸟》，里面说冬天寒号鸟在崖缝里冻得直打哆嗦，悲哀地叫着："哆啰啰，哆啰啰，寒风冻死我，明天就做窝。"事实上，寒号鸟确有其物，只不过它并不是鸟，而是一种会飞的松鼠——鼯鼠。

我坐在老张家的炕上，老蒋坐在炉子旁边的椅子上。我们几乎已经吃光了老张家的鸡蛋，现在喝多了的老张正在跟我们吹嘘他这里的山上都有什么动物。

"有个东西你们肯定不知道！"他醉醺醺略带神秘地说，"寒号鸟，你们见过吗？"

"不就是那个会飞的吗？见过，那玩意儿叫鼯鼠。"我笑笑回答，老张看上去有点失望。"你这里现在还多吗？"我又问。

"嘿，这东西以前就不多，我们以前都上石砬子找，这玩意儿拉的屎叫五灵脂，是药材！现在上山的人少了，见的也少了。"老张又来了几分精神，跟我们说起当年上山的往事。

此时我们正坐在河北滦平县山里一个农户家里。白天我们在山里转悠了一天，寻找野生动物的踪迹，晚上我们来到老张家里，听说他是这一带对山里最熟悉的人。

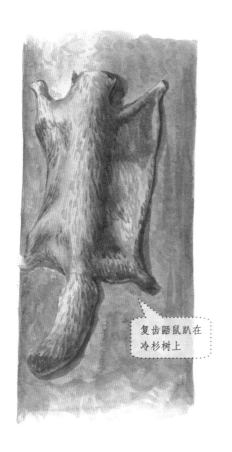

复齿鼯鼠趴在冷杉树上

"那你们一般都在啥地方能找到它？"其实我知道鼯鼠大概会出现在哪里，但还是想听老张说说。

"就那些悬崖附近，晚上它会在附近吃柏树叶子。"老张说。

我几年前就和复齿鼯鼠打过交道，这是鼯鼠大家庭里面少数在中国北方有分布的种类之一。

然而我第一次与它相逢是在四川的高海拔原始森林里。那是一个冬季，我们前往四川若尔盖寻找荒漠猫。一天晚上，我们驱车翻越一座大山，这里的原始森林覆盖了整个山体，海拔高度在3000米以上。在路遇了几只果子狸、毛冠鹿后，司机盔哥自言自语着："怎么还没看到鼯鼠，这地方应该很多才对。"

盔哥是个有经验的野生动物摄影师，他对这里非常熟悉。他让我们多用手电筒扫扫那些高大的冷杉。"被光照到了它的眼睛会反光，很明显。除了鼯鼠我们可能还能看到猫头鹰。"他说。

果然，在半山腰的一处拐弯处，在手电筒光柱下我们看到一棵大冷杉树上有一对亮眼睛闪动了一下。"鼯鼠！"盔哥小声说。

这是一只成年的复齿鼯鼠，它看了看我们，并不是很在意，继续在树上大快朵颐。"有意思，这只鼯鼠不怕人。有的鼯鼠停几秒后就会跑开或者飞走了。"盔哥说。

既然它并不是很在乎

复齿鼯鼠
的头部

被人看，我们就大胆下车，走到离它近一些的地方静静观察。我之前并没有想到复齿鼯鼠的个子这么大，看上去它几乎有两只我们常见的岩松鼠那么大！事实上鼯鼠属于松鼠科，是松鼠大家庭中一个重要的类群，而复齿鼯鼠只是鼯鼠里面个头中等的一员。这只鼯鼠看上去比松鼠更加可爱，因为它的脑袋更圆，看上去不像是啮齿目，倒像是一只小猫一般。此外，它长了一对乌溜溜的大眼睛：这是夜行性的标志。鼯鼠在夜间的视力非常好，可以在漆黑的夜晚自由滑翔于林间觅食，而这双大眼睛让它看上去更萌了。

这只鼯鼠旁若无人地用两只前爪捧着树叶啃食着，就像一只普通的松鼠一样。我们不禁有些着急，其实我们是想看看它飞起来的样子，毕竟它是一只会"飞"的家伙。其实鼯鼠只能算会滑翔，因为它们虽然像蝙蝠一样在四肢间长有皮膜，但并不像蝙蝠那样能够扇着皮膜飞行，只能张开皮膜，从高往低地滑翔。因此它们通常住在较高的岩洞、树洞里，晚上从高处飞下，落到喜欢的柏树、栎树、杉树等树上进食。而它们要想再回到自己的窝里，就只能像普通的松鼠一样，一溜儿小跑地上坡上树回家。

不过虽然飞行技巧一般，但鼯鼠在地面和树上却比蝙蝠强多了。这只复齿鼯鼠最终也没有飞走，在和我们共处了几分钟后，不知它是吃饱了打算换个地方，还是有点厌烦旁边的人类了，转身就往树上爬去。此时它就像个标准的松鼠，十分灵活。它那又长又粗的尾巴不但有助于在

在夜色中滑行
的复齿鼯鼠

滑行时控制方向，在树上活动时也提供了强大的平衡能力。

这天晚上我们看到了好几只复齿鼯鼠，但都不像第一只那样从容自在，它们看到我们后便很快顺着树向上爬去，消失在夜色里。在森林管护站，我们问藏族老护林员贡布："这些飞鼠你能看到它们飞吗？"贡布说："一般看不到，要是我们在外面炖了肉汤，它们就会飞过来。"真是神奇……我们知道鼯鼠并不以肉类为主食，难道真的会被肉汤吸引吗？几年后我在西双版纳的雨林里多次看到鼯鼠从夜空里飞来，一下子落在我身边的榕树上，可惜这并不是复齿鼯鼠，至今我也不知道复齿鼯鼠飞起来是什么样子。

此后，我在很多地方都听到了复齿鼯鼠的故事，从北京、河北到山西、河南，再到四川各县市，这种分布很广的鼯鼠或许在中国还保存有一定的种群规模。事实上"寒号鸟"一名并非来自西南，而是出自华北。最早关于寒号鸟的寓言故事出自明代徐树丕的《识小录》之《号寒虫》："五台山有鸟，名号寒虫，四足，肉翅，不能飞，其粪即五灵脂，盛暑时文采绚烂，乃自鸣曰：'凤凰不如我。'深冬，毛羽脱落，索然如鷇雏，又自鸣曰：'得过且过。'"

可见明朝的时候对复齿鼯鼠的描述就已经很准确：山西五台山的复齿鼯鼠住在石头缝里，有四条腿和皮膜翅膀，但并不会飞。夏季的毛色和冬毛有所差别。而课文里所说的"哆啰啰"的叫声，也和坊间传说复齿鼯鼠的叫声一样，可惜的是我并没有在山里听到过它的叫声。

2015年春季，我们在四川新龙县做野外调查，当地林业局接收到一只复齿鼯鼠，但当时并没有人认识这是什么，于是拿给我们看。这只鼯鼠在一户农民家里偷苹果吃，被抓住了。我们检查了一下，它并没有受伤，于是在一处茂密的森林里将其放生。它钻出纸箱子，跑了几步，然后回头疑惑地看着我们，似乎不大明白发生了什么，也许是白天的光线让它有点蒙。随后它似乎突然醒悟过来，飞快地爬上附近一棵云杉，消失在浓密的树冠里。这次我还是没能看到复齿鼯鼠的滑行，但我想迟早有一天我会在一个晴朗的夜晚再次遇到它，看它轻盈地从我面前滑过，消失在夜色里。

致　谢

作为猫盟，深入荒野是我们工作中最享受的部分。

首先，感谢东亚这片古老的土地，养育了许多独特的生物，包括我们最为关切的 12 种野生猫科动物。它们的存在，就是我们出发的初心。

其次，感谢资助、支持我们工作的所有合作机构和个人。感谢阿拉善 SEE 基金会的"创绿家"和"劲草同行"项目；感谢嘉道理中国保育、山水自然保护中心、TNC、北京师范大学、北京大学；感谢邀请和支持我们进行野外工作的四川省林业厅、山西省林业厅、山西铁桥山省级自然保护区、山西八缚岭省级自然保护区、四川新龙县环林局、四川石渠洛须白唇鹿省级自然保护区、四川卧龙国家级自然保护区、河北小五台山国家级自然保护区等林业保护单位。

还要感谢我们可爱的志愿者李亚亚女士，利用业余时间为这本书创作了所有的插图。

最后，感谢时间，让我们相遇。

宋大昭　黄巧雯

2018 年 5 月

宋大昭　　中国猫科动物保护联盟（2016美国国家地理年度探险人物评选中国区十大提名探险家之一）负责人，常年在野外考察，致力于金钱豹、雪豹等中国本土野生猫科动物的野外保护工作。

黄巧雯　　中国猫科动物保护联盟（2016美国国家地理年度探险人物评选中国区十大提名探险家之一）传播负责人。因工作之便，常能深入荒野与自然对话。

李亚亚　　插画师，设计师，中国猫科动物保护联盟志愿者。